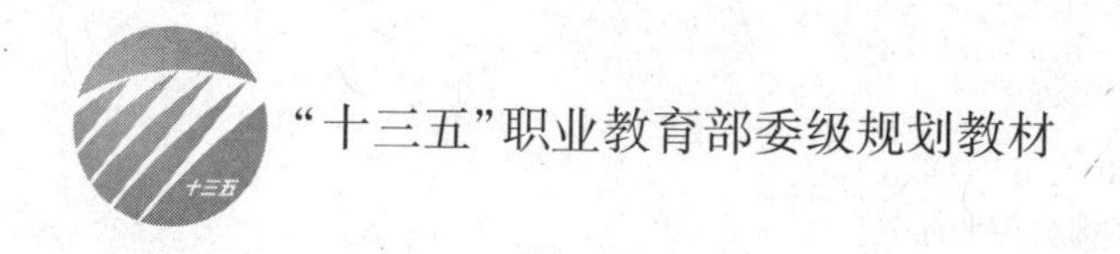

"十三五"职业教育部委级规划教材

电脑横机操作教程（第2版）

朱学良　编　著

中国纺织出版社有限公司
国家一级出版社
全国百佳图书出版单位

内　容　提　要

本书围绕电脑横机编织技术，图文并茂地介绍了电脑横机操作的基本知识，电脑横机外观及各部件功能，电脑横机的操作与维护，电脑横机实操及编织过程中常见问题的分析与处理，实用性与可操作性较强。

本书可供中高职院校针织专业的师生阅读，也可供从事电脑横机操作、电脑横机生产加工、电脑横机销售及售后人员参考使用。

图书在版编目(CIP)数据

电脑横机操作教程/朱学良编著.--2版.--北京：中国纺织出版社有限公司，2019.8

"十三五"职业教育部委级规划教材

ISBN 978-7-5180-6381-9

Ⅰ.①电…　Ⅱ.①朱…　Ⅲ.①横机—中等专业学校—教材　Ⅳ.①TS183.4

中国版本图书馆CIP数据核字(2019)第143856号

策划编辑：范雨昕　　责任编辑：李泽华
责任校对：寇晨晨　　责任印制：何　建

中国纺织出版社有限公司出版发行
地址：北京市朝阳区百子湾东里A407号楼　邮政编码：100124
销售电话：010—87155894　传真：010—87155801
http://www.c-textilep.com
E-mail:faxing@c-textilep.com
中国纺织出版社天猫旗舰店
官方微博 http://weibo.com/2119887771
三河市宏盛印务有限公司印刷　各地新华书店经销
2013年10月第1版　2019年8月第2版第2次印刷
开本：787×1092　1/16　印张：7.25
字数：124千字　定价：58.00元

第2版前言

随着国产电脑横机的高速发展，我国电脑横机工已超过两百万人。我校是一所职业中学，为适应东莞市毛织业的发展，已开设了电脑横机相关课程，我校组建了以江学斌校长为总编的校本教材编写组，编写了与之相关的系列教材，该系列教材现已列入“十三五”部委级规划教材，本书就是其中的一册。

《电脑横机操作教程（第2版）》是在上一版原有国产电脑横机结构与具体使用方法的基础上，增加了针织基础知识，电脑横机实操与编织常见问题的分析，可作为电脑横机操作人员、电脑横机生产加工人员、电脑横机销售人员、电脑横机制板人员的参考用书和中高职学校针织专业的教材，也是电脑横机自学人员的好帮手。

本书在编写过程中得到了中国针织工艺协会会长林光兴的大力支持，他为此书的编写提出了对总体构思与设想的建议，并在编写过程中提供大量的资料和给予宝贵的建议和意见。在此深表谢意！

对于书中出现的疏漏及不足，恳请业界的专家、学者和使用本书的广大专业技术人员给予批评、指正。

朱学良

2019年4月30日

第1版前言

随着国产电脑横机的高速发展，我国电脑横机工已超过一百万。东莞市纺织服装学校是一所职业中学，为适应当地毛织业的发展，开设了电脑横机相关课程，而与之相关的教材和资料却很少，为此我校组建了教材编写组，编写了与之相关的系列教材，本书就是其中的一册。

本书介绍了国产电脑横机慈星横机的结构及其具体的使用方法，是电脑横机相关人员难得的一本好书，可作为电脑横机操作人员、生产加工人员、销售人员、制板人员、售后服务人员的培训教材和中职学校针织专业的教材，也是初入行者自学的好帮手。

对于书中的疏漏及不足之处，恳请业界的专家、学者和使用本书的广大专业技术人员批评、指正。

朱学良

2013年5月18日

目录

第一章　电脑横机基本知识

第一节　操作基本要求

一、电脑横机安装环境要求

（1）请勿将机器安置于阳光直接照射的地方，靠近热源之处，如火炉、烤箱。

（2）请勿将机器安置于温度变化剧烈之处，温度需介于0~35℃；机器最佳工作温度为15~28℃。

（3）请勿将机器安置于充满污垢之处、灰尘之处、有化学气体之处、海风吹拂之处。

（4）请勿将机器安置于极度潮湿之处，湿度介于30%~80%。

（5）请勿将机器安置于倾斜之处。

二、电脑横机安装电力要求

（1）单相交流电220V、50Hz。

（2）市电波动范围应在200~230V之间，超过范围应加装电力稳压器。

（3）本机器最大功率为1.5kW。

（4）为防止触电，电脑横机应接地。

三、电脑横机操作要求

（1）由受过培训的工作人员来操作机器。

（2）不要用潮湿的手操作电气设备。

（3）机器设定参数，不要随意改动。

（4）在出现断纱需重新接纱等情况时，请立即停止机器运行，并按下“急停开关”，排除故障后才能继续运行。

（5）在机器运转中，请不要将身体的任何部位和其他物品进入机头运行范围。

（6）机器运转时不得打开后安全门及前防护罩。

四、电脑横机维护要求

（1）为使机器电子线路部分正常运行，建议在不使用机器的情况下，需保证7天内至少启动电源一天。

（2）若连续15天未使用机器时，需保证15天内至少运转机器1~2h，以保证机器机械部分正常工作，同时需加防锈油。

（3）非本厂专业技术人员，请勿调动各原点感应装置，否则机器将无法正常工作。

(4)严禁在机器运转、电源未切断的情况下对其进行任何维修工作。

(5)机器设有UPS装置,它具有反接线侦测功能,若机器电源接错时,系统会显"后备电源异常,自动关机关闭"的字样,此时必须重新配接电源。

(6)机头部分是机械的核心部位,若机器在人为或意外的情况下发生撞针时,请勿随意维修或在未查明故障原因的情况下再次开机,否则将可能会更严重损坏机器。

(7)瞬间停电后再来电,此时摇床马达[1]可能会因突然停止而没有摇到指定位置,此时请检查总针位是否偏位,否则会使机器发生故障。

(8)机器发生报警时请排除原因,确保安全后,将报警复位后再运行,否则有可能造成人为故障。

(9)当因断纱或结纱需重新接纱时,此时请按下F6键或其他菜单键后再进行接纱,否则可能会因无意中触到操作杆运行机器而发生意外。

(10)在擦拭机器时要先断开电源,同时需注意机针不能随意置放,否则可能会导致机器出现故障。

(11)开机前用手推动机头在针床上来回运动一个全程,避免因杂物在针床内引起撞针,针脚未归位引起撞针。

(12)定期清理针板及各运动组件上的油渍、污垢,定期润滑各运动组件及导轨。

(13)定期对机器电脑控制箱进行清洁,以防杂物造成电器部件短路,清洁前应关闭电源。

(14)在机器通电中请勿插拔电线、电路板。

(15)发生撞针时,在未排除故障原因前,请不要再次开机,否则可能再次撞针。

(16)在机器出现故障时,请专业的人员给予解决,不要盲目维修。

第二节　针织基本知识

一、针织与针织物

针织是利用织针将纱线弯曲成线圈,并将其相互串套起来形成织物的一门工艺技术。根据工艺特点不同,针织被分为纬编和经编两大类。

在纬编中,纱线沿纬向喂入织针进行编织,形成纬编针织物,如图1-1所示。在经编中,纱线沿经向垫放在织针上进行编织,形成经编针织物,如图1-2所示。采用横机编织的产品属于纬编针织物。

线圈是组成针织物的基本结构单元,图1-1所示是其平面结构形态。在纬编针织物中,线圈由2个圈柱(1-2,4-5)、1个针编弧(2-3-4)和1个沉降弧(5-6-7)组成,圈柱和针编弧统称为圈干。外观上线圈有正反面之分,线圈圈柱覆盖在旧线圈针编弧之上的一面,称为正面线圈,如图1-1(a)所示;针编弧覆盖在旧线圈圈柱之上的一面,称为反面线圈,如图1-1(b)所示。在针织物中,线圈沿织物横向组成的一行称为线圈横列,沿纵向相互串套形成的一列称为线圈纵行。在线圈横列方向上,两个相邻线圈对应点之间的距离称为圈距,一般用A表示;在线圈纵行

---

[1] 电动机俗称马达,是针织行业的惯称。

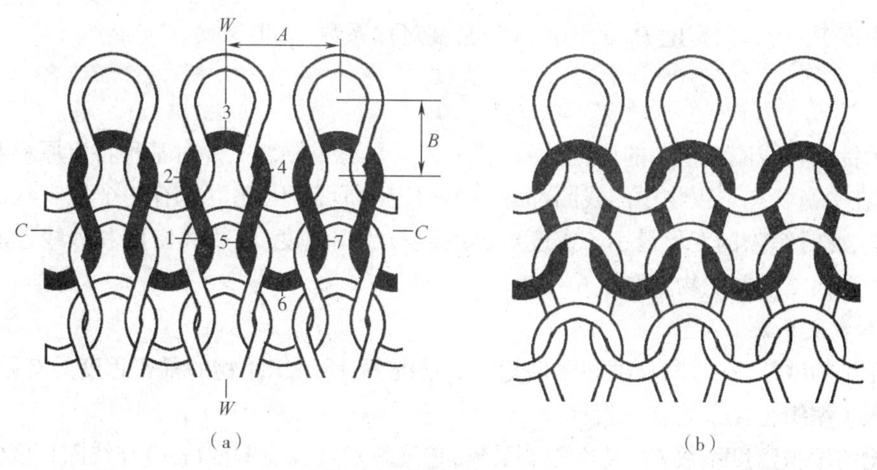

图 1-1 纬编线圈结构图

方向上,两个相邻线圈对应点之间的距离称为圈高,一般用 B 表示。

针织物可分为单面针织物和双面针织物。单面针织物通常是指用单针床编织的织物。双面针织物通常是指用双针床编织的织物。

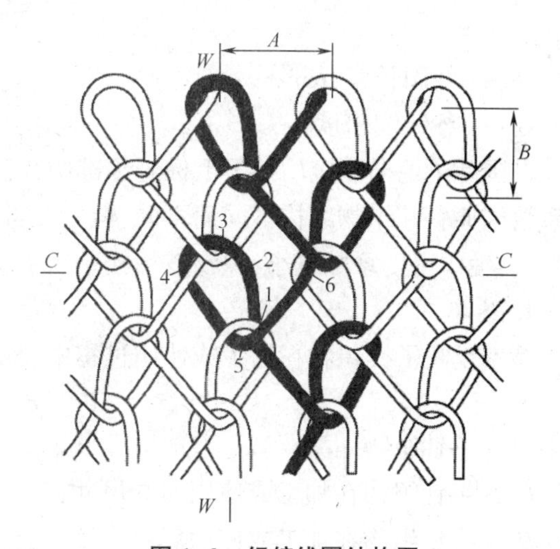

图 1-2 经编线圈结构图

二、针织物的主要物理指标及特性

(一)针织物的主要物理指标

1. 线圈长度 l

线圈长度是指形成一个单元线圈所需要的纱线长度,即图 1-2 中 1-2-3-4-5-6-7 所对应的纱线长度,通常以毫米(mm)为单位。线圈长度可根据线圈在平面上的投影近似地计算得到理论线圈长度;也可用拆散的方法测得组成一个线圈的实际纱线长度;还可以在编织时用仪器直接测量喂入每枚织针上的纱线长度。

线圈长度不仅决定了针织物的密度,而且对针织物的脱散性、延伸性、耐磨性、弹性、强力、起毛起球性和勾丝性等也有重大影响,故为针织物的一项重要指标。

2. 密度

密度是指规定长度内的线圈个数。沿线圈横列方向测量的密度称为横密,通常用 P_A 表示,沿线圈纵行方向测量的密度称为纵密,通常用 P_B 表示。在横机生产中是指规定长度为 1cm 内所对应的针数或转数。密度是横机产品设计、生产及品质控制的一项重要指标。由于针织物在加工过程中容易受到拉伸而产生变形,因此对某一针织物来说其状态不是固定不变的,这样就将影响实测密度的客观性,因而在测量针织物密度前,应该先将试样进行松弛,使之达到平衡状态,这样测得的密度才具有实际可比性。

在电脑横机上,密度的调节是通过机头上的密度电动机由程序控制来完成的。

横向密度 P_A 与纵向密度 P_B 的比值称为密度对比系数 c,即:

$$c = \frac{P_A}{P_B}$$

它表示针织物线圈纵横向的比例关系,在工艺上具有重要意义。对某种特定原料和组织结构的织物,在平衡状态下织物中的线圈都有一个稳定的形态,因此也就有一个稳定状态下的密度对比系数,此时织物的变形最小。密度对比系数与线圈长度、纱线线密度和纱线性质等因素有关。一般单面羊毛衫织物 c 取0.6~0.8。

3. 编织密度系数

不同粗细的纱线,在线圈长度和密度相同的情况下,所编织织物的稀密程度是有差异的,因此我们引入了编织密度系数这一指标。

针织物的编织密度系数 CF 又称覆盖系数,它反映了纱线线密度(tex)与线圈长度之间的关系,用公式表示为:

$$CF = \frac{\sqrt{N_t}}{l}$$

式中:l——线圈长度,mm;

N_t——纱线线密度,tex。

在国际羊毛局制定的纯羊毛标志标准中,纯羊毛纬平针织物的编织密度系数≥1。编织密度系数因原料和织物结构不同而不同,但一般都在1.5左右。织物的编织密度系数越大,织物越密实;编织密度系数越小,织物越稀松。

4. 缩率

缩率反映了针织物在加工或使用过程中长度和宽度的变化情况,它可由下式求得:

$$Y = (H_1 - H_2) / H_1 \times 100\%$$

式中:Y——针织物缩率;

H_1——针织物在加工或使用前的尺寸;

H_2——针织物在加工或使用后的尺寸。

缩率可为正值或负值。生产中测定和控制的主要有下机、染整、水洗缩率以及在给定时间内弛缓回复过程的缩率等。

5. 未充满系数 δ

未充满系数是指线圈长度 l 与纱线直径 d 的比值,用以下公式计算:

$$\delta = l/d$$

当线圈长度一定时,纱线越粗,即直径 d 越大,则针织物的未充满系数 δ 越小,说明针织物越紧密;反之纱线直径 d 越小,则 δ 越大,针织物越稀疏。

影响针织物缩率的主要因素有织物结构、未充满系数、密度和密度对比系数、加工条件以及放置条件等。

(二)针织物的主要特性

1. 脱散性

针织物中纱线断裂或线圈失去串套连接后,线圈与线圈分离的现象称为织物的脱散。脱散性与面料使用的原料种类、纱线的摩擦系数、组织结构、织物的未充满系数和纱线的抗弯刚度等因素有关。单面纬平针组织脱散性较大,提花织物、双面织物、经编织物的脱散性较小或不脱散。

2. 卷边性

某些针织物在自由状态下，其布边发生包卷的现象称为卷边。这是由线圈中弯曲线段所具有的内应力力图使线段伸直所引起的。卷边性与针织面料的组织结构、纱线捻度、组织密度和线圈长度等因素有关。一般单面针织物的卷边性比较严重，且密度越紧卷边越严重，通常双面针织物不易卷边。

3. 延伸性和弹性

织物受到外力拉伸时伸长的特性为延伸性，针织物有横向与纵向、单向与双向延伸的特性。当引起织物变形的外力去除后，针织物形状回复的能力称为弹性。针织物的结构使它具有较大的延伸性和弹性。

4. 勾丝与起毛起球

针织物在穿着、使用和洗涤过程中常经受摩擦，织物表面的纤维端就会露出织物，使织物表面起毛。若这些起毛的纤维端在以后的穿着中不能及时脱落，就会相互纠缠在一起被揉成许多球状小粒，称为起球。影响起毛起球的因素主要有：原料，纱线与织物结构，染整加工及产品的服用条件等。

三、电脑横机的主要结构参数

(一) 针床数

电脑横机和手动横机一样，基本上都是双针床，两个针床呈倒 V 字型配置。日本岛精公司也推出了一种四针床的电脑横机，如图 1-3 所示。此横机四个针床都可以配备织针进行编织。

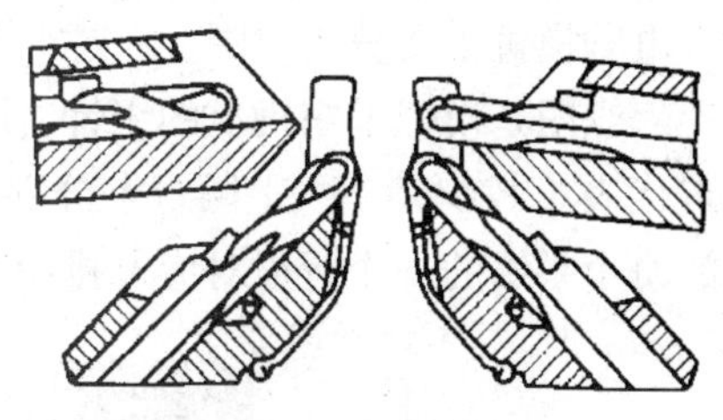

图 1-3　四针床电脑横机

(二) 针床宽度

针床宽度是指横机公称宽度，又称针床幅宽或有效长度，是最大排针区宽度。电脑横机针床宽度主要有三种：

第一种是窄幅横机，机宽在 127cm(50 英寸) 左右，主要用于单件全成形衣片的生产，这是我国使用电脑横机的主导机型。

第二种是宽幅横机，机宽在 203cm(80 英寸) 以上，可以同时编织两片衣片，一般适合于裁剪衣片或附件的生产。

第三种是介于两者之间的横机，其机宽在 178cm(70 英寸) 左右，主要用于单件“织可穿”(全成衣) 产品的编织 (在编织“织可穿”产品时一般窄幅横机宽度不够)。

(三) 系统数

系统数是指机头中三角系统的组数，有一个系统就可以完成一个完整的编织动作，如进行一次编织或移圈，编织一个横列的线圈。系统数越多效率越高。手动横机只有一个系统。电脑横机的系统数与机宽有关，窄幅横机以双系统和三系统为主；宽幅横机一般为四系统，在双机头时可以分开为两个双系统使用。也有六系统甚至八系统的机器；“织可穿”的机器一般为三系统。简易机一般为单系统。

(四) 机号

机号(G)又称针型，是表示针距(T)大小和针的粗细的指标，用针床上规定长度(E)内所具有的针数表示，关系式如下：

$$G = E/T$$

电脑横机机号是以每英寸针床上的针数表示。如7针/英寸、12针/英寸和14针/英寸等,通常简称7针、12针、14针等,目前最高机号可达到20针/英寸,但使用较多的为14针以下。

机号在一定程度上决定了机器可加工纱线线密度的范围。一定机号的针织机只能编织一定粗细范围的纱线。它所能加工的最粗纱线线密度取决于针钩的大小和针与针槽的间隙,所能加工的最细纱线在机器上不受限制,而取决于织物的品质。

为了拓宽机器所能加工的纱线线密度范围,近几年出现了多针距电脑横机。多针距机器的机号有的写成3,5.2、6.2、7.2等,这些机器的隔距其实是7针/英寸、10针/英寸、12针/英寸和14针/英寸,只是采用的织针和三角结构有些变化,从而使机器可以满针编织或隔针编织,使编织的纱线范围宽泛一些。如7.2针的机器理论上可以编织7~14针的产品,满针编织时为14针,隔针编织时为7针。但一般它比较适合编织9~12针的产品,编织14针的产品时最好更换成14针的织机,相应地也要更换某些三角。

四、横机织物的基本组织结构

电脑横机主要分为成圈、不成圈、集圈、脱圈、翻针、横移等几个基本动作。

编织图是模拟编织机上的织针,使用不同的符号来表示织物的不同结构的方法。我们用一个点代表1枚织针,下、上两行点分别代表前针床(或称前板)和后针床(或称后板)的织针,机头的每个系统的一个行程对应一排织针,如图1-4所示。

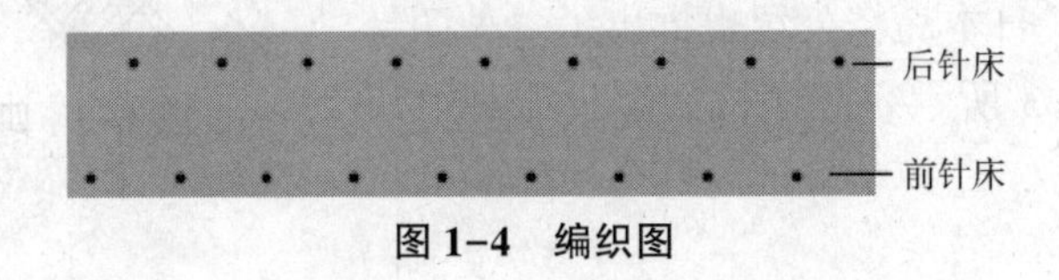

图1-4 编织图

(一)基本组织结构

1. 成圈轨迹

成圈是形成织物的最基本单元,可单独用来形成整个坯布。成圈的织针在三角座中的走针轨迹如图1-5所示。

2. 成圈过程

舌针横机的成圈主要包括退圈、垫纱、闭口、套圈、弯纱、脱圈、成圈和牵拉这样八个过程,如图1-6所示。首先,织针在起针三角的作用下从起始位置[图1-6(a)]上升至集圈高度[图1-6(b)],在这一位置上旧线圈已将针舌打开,但还压在针舌上。织针到达集圈高度后受到挺针三角的作用继续上升,旧线圈便从针舌上滑至针杆上[图1-6(c)],这一过程称为退圈。织针到达挺针三角的最高点后受到导向三角的作用开始下降,导纱器对织针进行垫纱[图1-6(d)]。在压针三角的作用下织针继续下降,并钩取纱线,此时位于针杆上的旧线圈沿着针杆上升,碰到针舌后将其关闭[图1-6(e)],旧线圈套在针舌上;旧线圈从针舌上滑出针头至新钩的纱线上[图1-6(f)],这一过程称之为脱圈。在脱圈的过程中,新纱线弯曲成封闭的线圈,称为弯纱。当织针继续受压针三角的作用下降,织针便拉着弯曲的纱线形成规定大小的新线圈[图1-6(g)],这一过程称之为成圈。在成圈之后,所形成的新线圈必须由牵拉机构拉向针背,否则在下一个成圈过程起针时织针可能会重新穿进已经形成的线

图 1-5　成圈的走针轨迹

圈中，这一过程为牵拉。

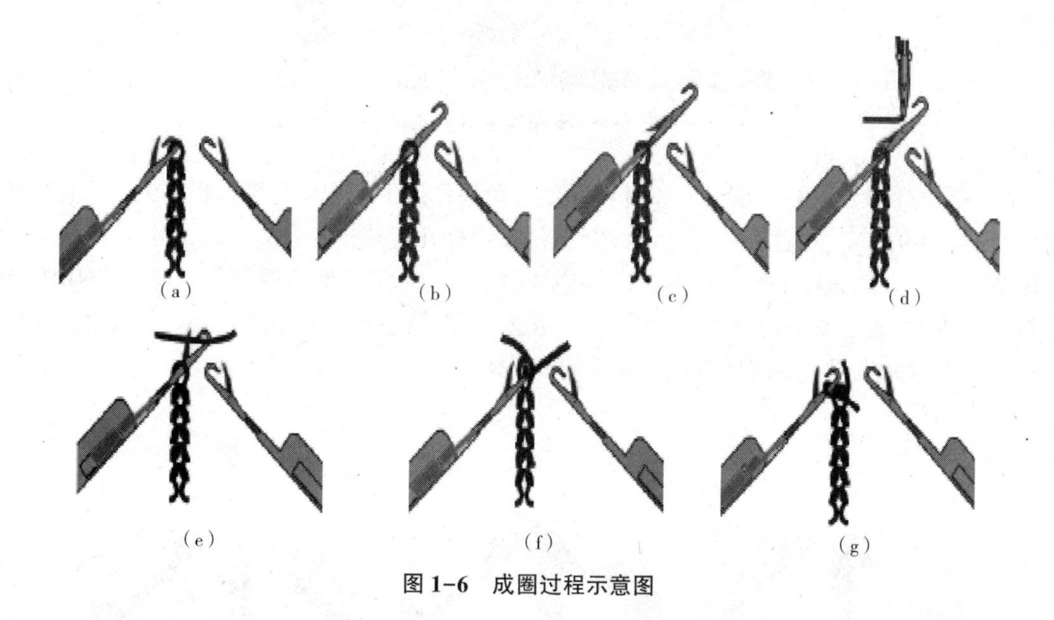

图 1-6　成圈过程示意图

3. 成圈编织图的表示方法

成圈编织图的表示方法如图 1-7 所示，图 1-7(a)表示的是前针床编织的正面线圈，图 1-7(b)表示的是后针床编织的反面线圈。

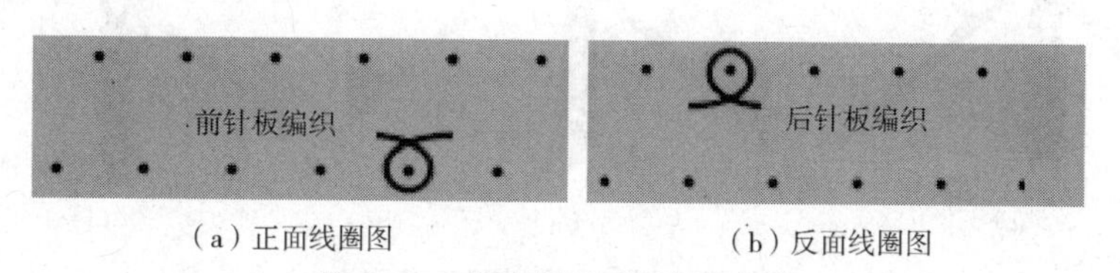

(a) 正面线圈图　(b) 反面线圈图

图 1-7　成圈的编织图表示方法

(二)变异组织结构

变异组织不能单独用来形成整个坯布,而是与成圈组合改变织物结构,增加布面的外观效果。

1. 集圈

纱线喂入织针,但未成圈。

(1)集圈的走针轨迹如图1-8所示。

图1-8 集圈的走针轨迹图

(2)集圈过程如图1-9所示。织针在起针三角的作用下从起始位置[图1-9(a)]上升至集圈高度[图1-9(b)],在这一位置上旧线圈已将针舌打开但还压在针舌上没有滑至针杆上。织针保持在这一位置上后导纱器对织针进行垫纱[图1-9(c)]。然后受压针三角的作用织针下降并钩取纱线[图1-9(d)],旧线圈仍回到针钩内与新钩到的纱线集中在一起[图1-9(e)],所以这一过程称为集圈。成圈后形成的新线圈如[图1-9(f)]。

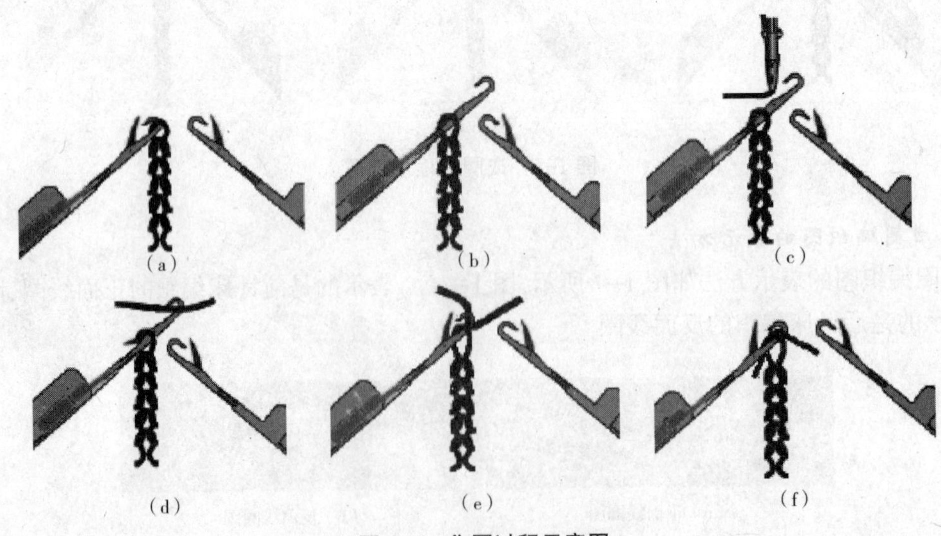

图1-9 集圈过程示意图

集圈编织图的表示方法如图 1-10 所示。

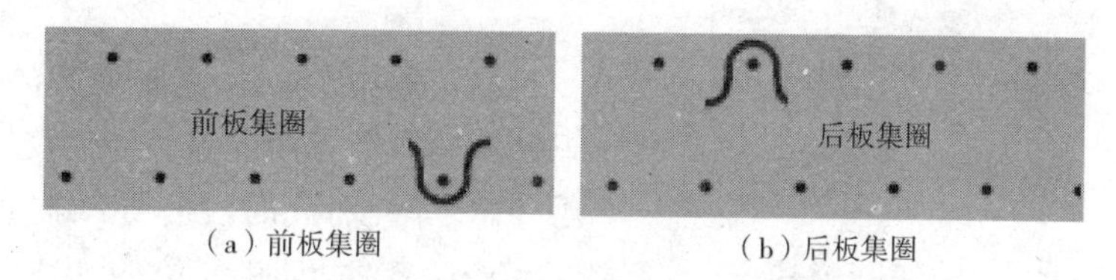

（a）前板集圈　（b）后板集圈

图 1-10　集圈编织图的表示方法

2. 浮线

浮线是纱线越过一枚织针不编织而形成的。

(1)浮线的走针轨迹如图 1-11 所示。织针被压进轨道不参加工作,即不吃纱。

图 1-11　浮线的走针轨迹

(2)浮线的编织过程如图 1-12 所示。织针不受系统内任何三角作用而保持在原位置[图 1-12(a)]。虽然导纱器也对织针进行垫纱[图 1-12(b)],但由于织针没有钩取新纱线,新纱线只是横过这一织针的位置,形成一条浮在表面的线段[图 1-12(c)]。

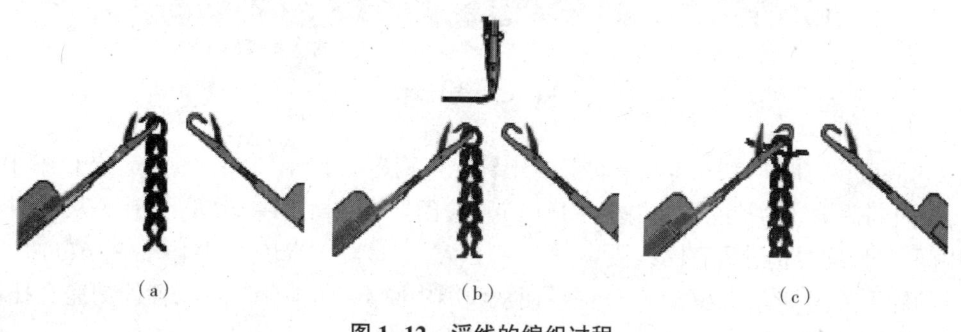

(a)　(b)　(c)

图 1-12　浮线的编织过程

(3)浮线的编织图表示方法如图1-13所示。

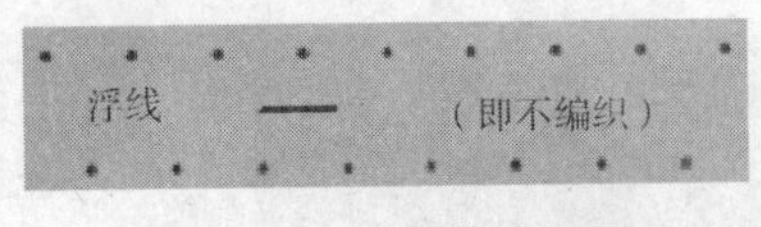

图1-13 浮线的编织图

3. 脱圈

(1)脱圈的过程:它与成圈的过程相同,只是织针到达挺针三角的最高点后受到导向三角的作用开始下降,而此时没有导纱器对织针进行垫纱(织针上升到成圈高度,旧线圈脱掉,但没有新纱线垫入),这时此针位的纱线将脱掉成为一根浮线。

(2)脱圈的表示方法如图1-14所示。

图1-14 脱圈的线圈图表示

4. 翻针(移圈和接圈)

(1)翻针轨迹移圈就是将一根织针上的线圈转移到另一根织针上的过程,而接圈就是一根织针从另一根织针上接过转移过来的线圈的过程。移圈和接圈总是同时进行且由专门的三角组控制。移圈和接圈的走针轨迹如图1-15所示。

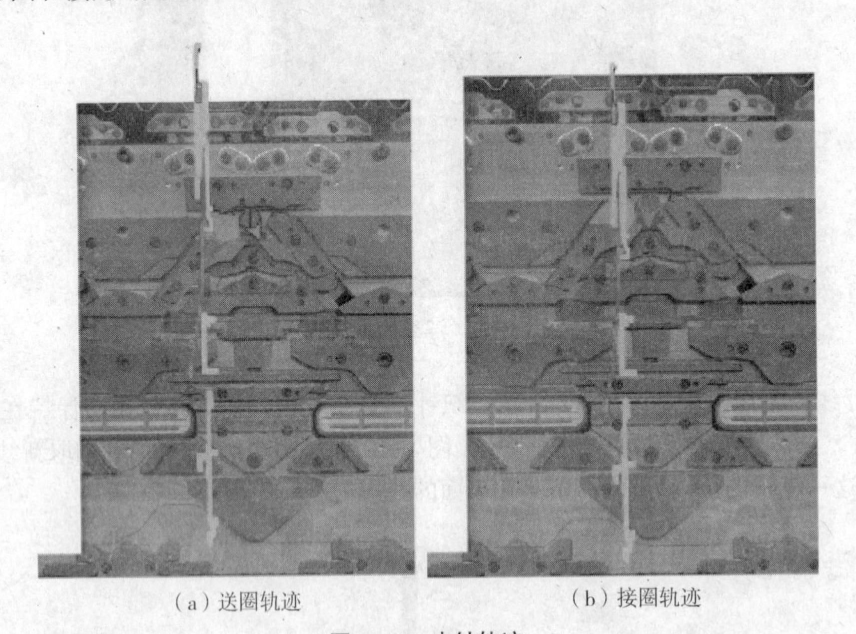

(a)送圈轨迹　　(b)接圈轨迹

图1-15 走针轨迹

(2)翻针过程如图1-16所示。移圈时织针在退圈高度上[图1-16(a)]继续上升[图1-16(b)],线圈到达织针的扩圈片上[图1-16(c)],接圈针上升[图1-16(d)],针头从移圈针的扩圈片中间穿过,同时也进入移圈线圈中[图1-16(e)]。然后移圈针下降[图1-16(f)],线圈使移圈针的针舌关闭[图1-16(g)],移圈针便从线圈中脱出[图1-16(h)],而线圈完全挂在接圈针上后,接圈针下降到原始位置[图1-16(i)],移圈和接圈过程结束。

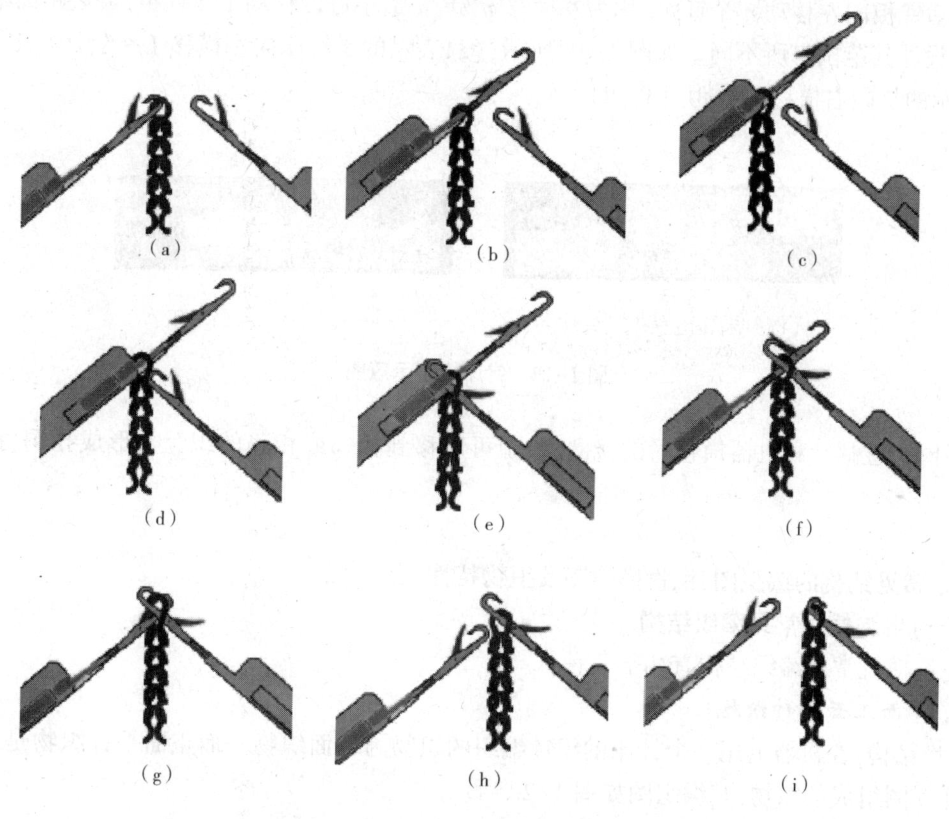

图 1-16　翻针的过程

(3)翻针的线圈图的表示方法如图 1-17 所示。如前所述,下上两排点代表的是前后针床的织针位置,翻针的表示方法用箭头形象说明。

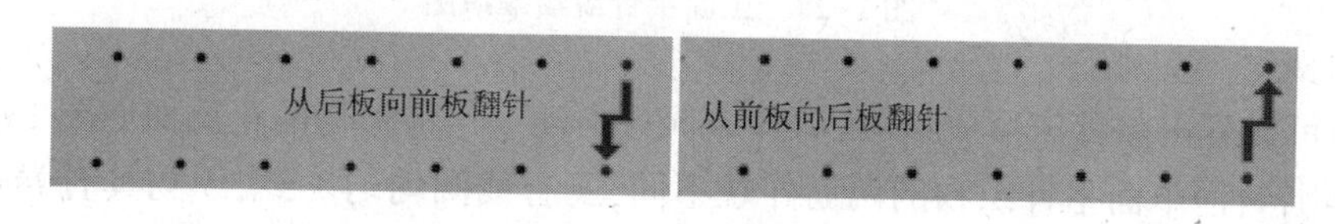

图 1-17　翻针表示方法

被翻掉线圈的织针成为空针(这个动作在手摇横机上是用目针手动进行的)。

5. 横移(俗称摇床或错板)

前后两个针床上的织针,其原点基准位置是:一个针板的织针正对着另一个针板的针槽中间,即所谓针对槽,如图 1-18 所示。两枚针之间的距离称为 1 个针距,它的大小随着机器的机号而变化(机号 = 针数/英寸)。

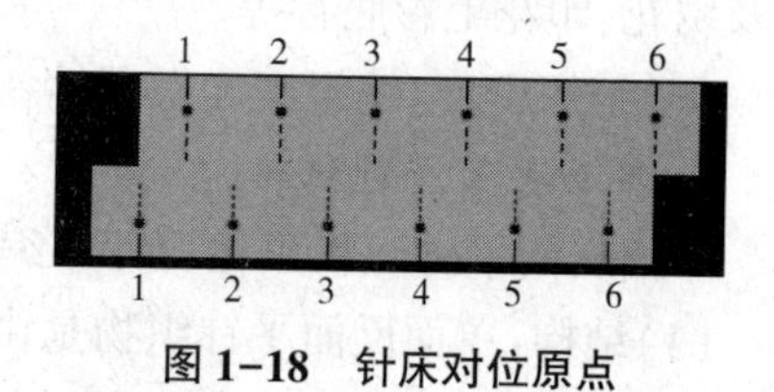

图 1-18　针床对位原点

一般两针床的电脑横机是后针板可以左右横移。

(现在还有四针床、五针床的横机,它们的前针床也可以移动。有些两针板横机也具备前后双摇床,如龙星 LXC-252-3.5G 机型)。

当后针板向左移动 n 个针距,称为左横移 n 针,n 最小可以移动 1/4 针距,最大距离根据不同厂家设计其范围有所不同。如图 1-19 所示,(a)表示的是针床向左横移 1 个针距([U]L1),(b)表示的是向右横移 1 针距([U]R1)。

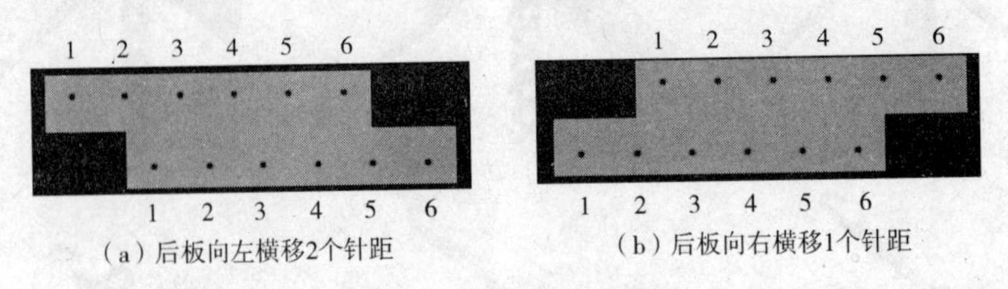

图 1-19 针床横移示意图

线圈通过翻针和机器横移后的接圈,线圈可以移到相邻或相隔的织针上形成孔洞、扭斜等效果。

五、常见结构的编织图、织物模拟图及织物特性

(一)电脑横机常见编织结构

电脑横机常见编织结构有如下几种:

1. 单面正面平针织物

(1)结构:在机器上用一个针床的织针编织的织物为单面织物。而正面平针织物是由多个前针床线圈组成的织物,其编织图如图 1-20 所示。

图 1-20 正面平针织物编织图

从图中可以看出前针床形成线圈,后针床保持不动。这种织物的正反面如图 1-21 所示。

(2)织物特性:单面平针织物的两面外观不同,所有线圈均匀一致,织物具有卷边性。布的左右两边向反面卷如图 1-22(a)所示;上下往正面卷,如图 1-22(b)所示;织物很容易从顺逆两个方向进行拆散。单面平针织物吸湿性和透气性较好,在横向和纵向拉伸时具有较好的延伸性,且横向比纵向延伸性大。有时还会产生线圈歪斜的现象。平针织物广泛用于一般毛衫、裤以及绣花、印花毛衫底衫等。

(3)编织密度:编织密度根据纱线的粗细按正常设置。

2. 单面反面平针织物

单面反面平针织物只在后针床编织,其编织图如图 1-23 所示。

(1)结构:单面反面平针织物是由多个在后针板编织的线圈组成的织物,其织物正反两面的效果图与上面所说的正面平针织物正好相反。所以当只有前板编织的平针织物和在后板编织的平针织物一旦从机器上取下,就很难分辨是在哪个针板上编织的,如图 1-24 所示。

(2)织物特性:与单面正面平针织物相同。一般用于袖子、大身之处以及结构花型的地组织。

（a）单面正面平针织物的正面织物视图　（b）单面正面平针织物的反面织物视图

（c）单面正面平针织物的实物图

图 1-21　单面正面平针织物的织物视图和实物图

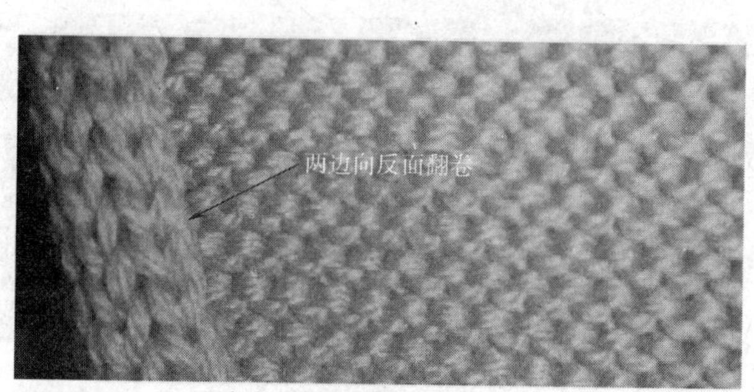

（a）织物左右两边向反面翻卷

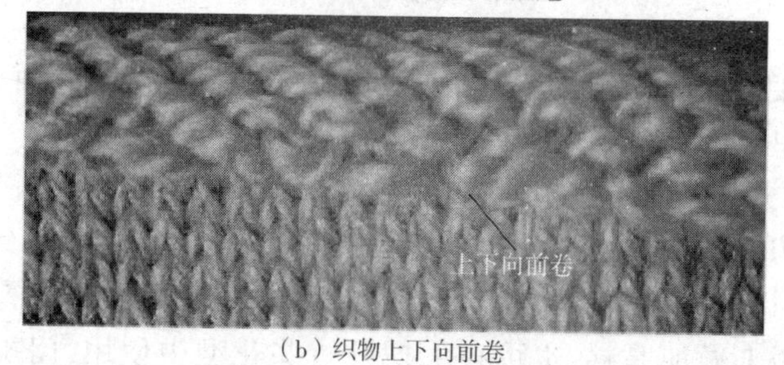

（b）织物上下向前卷

图 1-22　单面织物卷边特性

（3）编织密度：与单面正面平针织物相同。

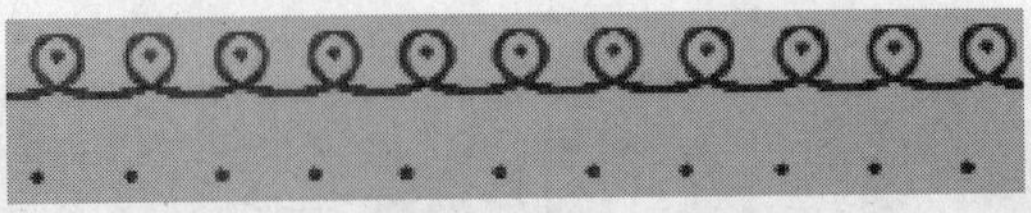

图1-23　单面反面平针织物的编织图

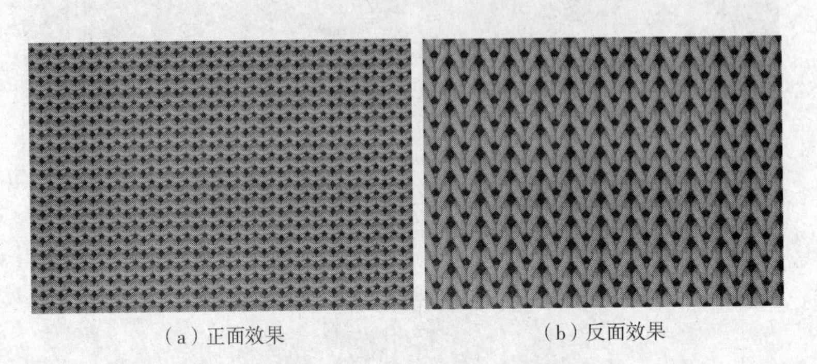

(a) 正面效果　　(b) 反面效果

图1-24　单面反面平针织物视图

3. 双面平针织物

在两个针床上编织的织物称为双面织物。双面平针织物也称为四平织物。

(1)结构:编织时的出针都在同一号织针上编织,由前针床编织的线圈作为正面线圈,由后针床编织的线圈作为反面线圈,其编织图表示方法如图1-25所示。

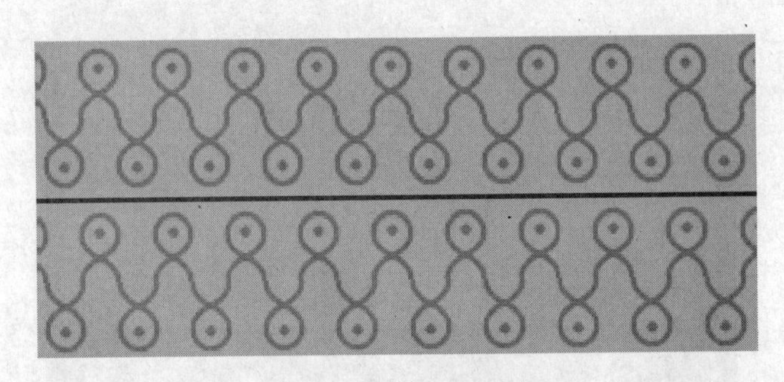

图1-25　四平织物编织图

由于前后线圈相互制约,线圈被压缩,使得下机后的织物的正反两面看上去都像正面平针织物(但手感比单面织物厚),如图1-26所示。

而用手将织物拉开,即可看到一正一反的结构,织物照片如图1-26(c)所示。

(2)织物特性:织物不拉伸时两面都显示为正面线圈,拉伸后可看到正面线圈之间的反面线圈;织物的横向具有一定的弹性;织物不卷边,下机回缩所以织物厚实挺括;拆散只能从最后一行拆散。可用来做加厚衫,也可在下摆及一些花型中使用,门襟内衬通常用四平竖带子。

(3)编织密度:由于在两个针床上交替编织,前、后针床间隙需要使用一定的纱线量,这些纱线可以转移到线圈中,从而使线圈变大。所以要维持正常编织,设置编织密度数值应较小。

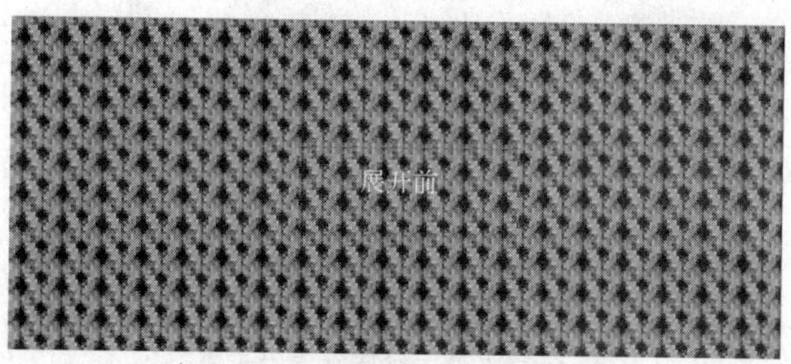

（a）四平织物展开前织物视图

（b）四平织物展开前的织物实物图

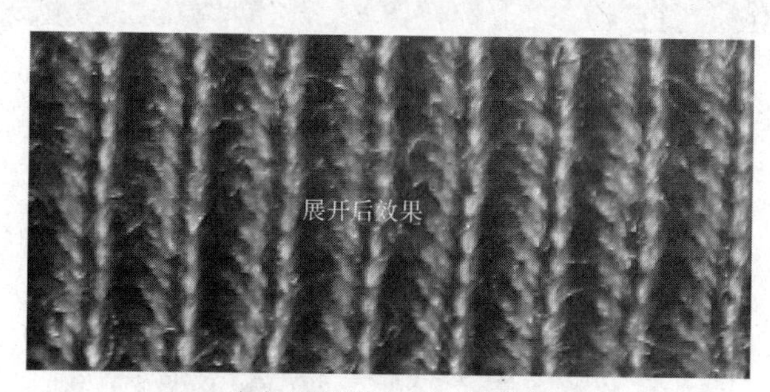

（c）四平织物展开后的实物图

图 1-26　四平织物的视图

4. 罗纹织物

罗纹组织是由正面线圈纵行和反面线圈纵行以一定的组合规律相间配置而成的。罗纹组织的正、反面线圈不在同一平面上，每一面的线圈纵行相互毗连。罗纹组织的种类很多，视正反面线圈纵行数配置的不同而异，通常用数字代表其正反面线圈纵行数的组合，如 1×1 罗纹，2×1 罗纹或 2×2 罗纹等，可形成不同外观风格与性能的罗纹织物。

罗纹组织横向有较好的弹性和延伸性，罗纹组织只能逆编织方向脱散。

与双面平针织物结构相同，只是前、后针床上参加编织的织针排列不同。

(1)1×1 罗纹织物。

①结构：前、后针床都是一隔一出针编织，两者组合为一个基本单元，由此循环而得到的。

此时的针床对位：为针对针，也就是在基准位置上后针板向左横移半个针距得到的，如图 1-27 所示。

1×1 罗纹结构的编织图如图 1-28 所示。

前、后两针床织针出针频率一致，正反面效果看上去一样。织物效果图如图 1-29 所示。

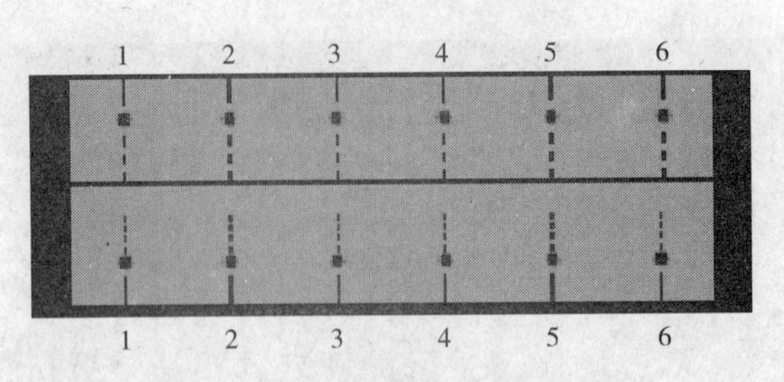

图1-27 前后针床针对针位置

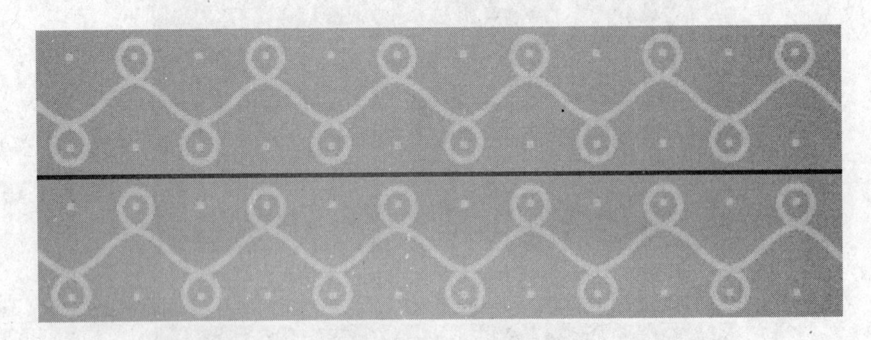

图1-28 1×1 罗纹的编织图

(a)1×1罗纹结构织物视图

(b)1×1单面平针与1×1罗纹织物实物图

图1-29 1×1 罗纹结构织物视图和实物图

②织物特性:织物横向弹性好,不卷边;织物两面外观相同。这种结构常常被用来做衣服的下摆、袖口等地方。

③编织密度:密度设置比较小,与四平组织相近。

(2)2×1 罗纹织物。

①结构:与 1×1 罗纹织物相比,其只是在前、后针床编织的排针不同,是由一个前板编织线圈+一个四平线圈+一个后板编织线圈的三个基本线圈组成的基本单元,针床对位在针对槽的位置。(每个针床为 2 针编织 1 针空。)也常常被用来做衣服的下摆、袖口等地方。编织图如图 1-30 所示。

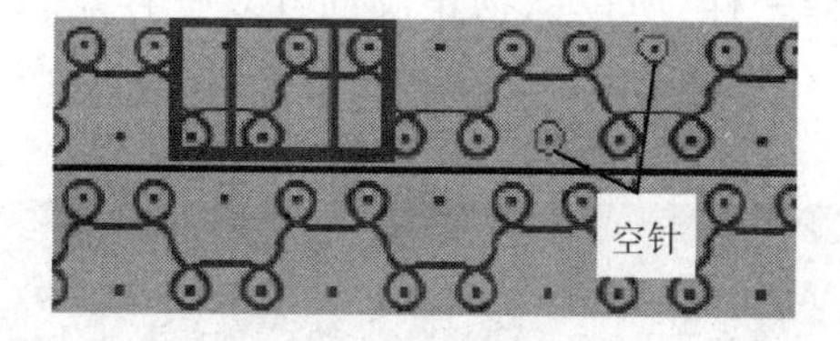

图 1-30 2×1 罗纹织物编织图

织物效果图如图 1-31 所示。

(a)2×1罗纹织物视图

(b)2×1罗纹织物实物图

图 1-31 2×1 罗纹织物视图和实物图

②织物特性:2×1 罗纹,稍有卷边性;两面外观一致;横向有较好的弹性,甚至比四平弹性要大得多;比单面平针织物厚。常被用在衣服的下摆、袖口、领边等处。

③编织密度:由于它不像四平和 1×1 罗纹织物前、后针床都是间隔出针的,而是在同一针床上具有相邻两个出针的编织,所以它的密度设置要大于 1×1 罗纹,属于双面织物。

(3)2×2 罗纹组织。

①结构:这是由 2 个前针床编织线圈和 2 个后针床编织线圈组成的基本单元组织,针

床对位在针对针的位置。每个针床出针都是间隔 2 针、编织 2 针。2×2 罗纹组织的线圈编织图表示如图 1-32 所示。

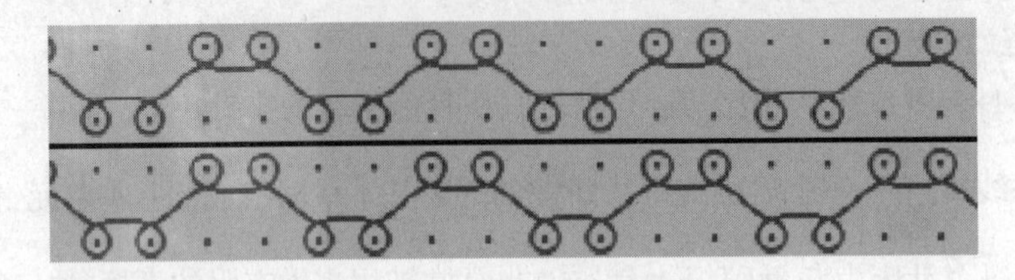

图 1-32　2×2 罗纹编织图

由于前后两针床出针规律一样,所以织物正反面外观一样。织物视图和实物图如图 1-33 所示。

(a) 2×2罗纹织物视图

(b) 2×2罗纹织物实物图

图 1-33　2×2 罗纹织物视图和实物图

②织物特性:横向边缘稍有卷边,织物两面外观相同;弹性和厚度大于单面平针,小于 2×1 罗纹。也常常被用来做衣服的下摆、袖口、领边以及全身花型等地方。

③编织密度:比单面平针小些。与 2×1 罗纹基本相同,属于双面织物。

依照上述规律,罗纹的前后针床排针可以设置成多种多样。各种罗纹组织,如果使用在服装上,在织物表面形成凹凸的条纹效果。这种条纹可通过调整前后板针的针数,使得条纹可宽可窄,变化多样。有时设计师也会将这种条纹作为织物的图案。还可以通过运用不同粗细的纱线,不同的密度变化,可使其在毛衫中的修饰更具立体感和变化性。

5. 空转组织(也称空气层组织或圆筒织物)

(1)结构:由 1 行前针床编织线圈和 1 行后针床编织线圈组成,但前板线圈和后板线圈编织后都不做连接翻针,仍然被握持在原有针床上,这样织物就形成了一个圆筒,用手可以将两个布面分开。编织图表示如图 1-34 所示。

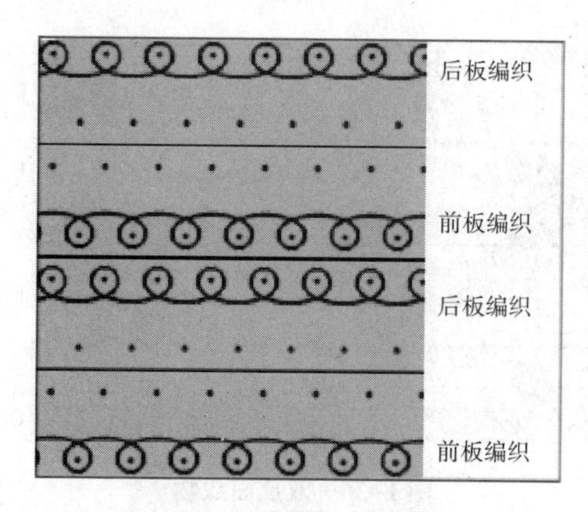

图 1-34　空转织物编织图

织物正反面看上去都是正面线圈,类似正面平针织物,其织物模拟效果图和实物图如图1-35所示。

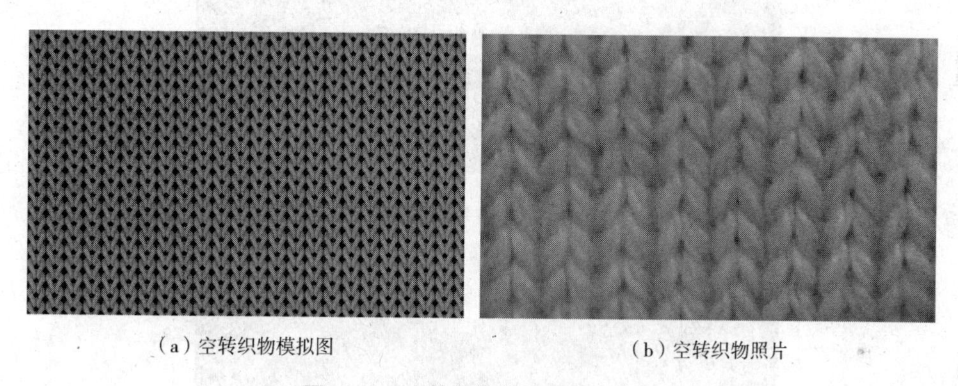

(a)空转织物模拟图　　(b)空转织物照片

图 1-35　空转织物模拟图和实物图

(2)织物特性:空转织物外观上犹如两块平纹布匹,但没有罗纹的弹性。通常用作大身下摆、袖口、门襟等地方,也有的特殊花型部分应用。

(3)编织密度:由于前后针床的线圈都是相对独立地完成编织,编织密度小于单面平针织物。属于双面织物。

6. 双反面组织(伶式)

(1)结构:这是由1行正面编织线圈和1行反面编织线圈组成的单元结构。但与上面提到的空转织物不同的是,每编织完一行(例如前针床)线圈后,线圈后都要向另一针床上翻针(向针床翻针),然后再在另一针床上(后板)编织,编织后再翻针(向前针床翻针)。这样就是正面线圈要从原来的反面线圈中拉出,而反面线圈要从原来的正面线圈中拉出,依次循环编织。其编织图如图1-36所示。

织物两面的外观一样,都呈现出线圈的针编弧和沉降弧。织物模拟图如图1-37所示,织物实物图如图1-38所示。

(2)织物特性:双反面织物下机后纵向回缩而向横向膨胀,所以织物的纵向延伸性较大。

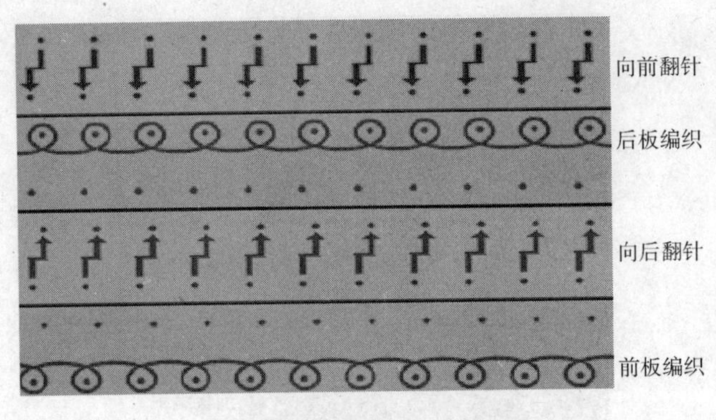

图 1-36　双反面织物

图 1-37　织物模拟图

图 1-38　双反面织物实物图

织物不卷边、织物蓬松、手感柔软,厚度略厚于单面平针织物。由于它双方向弹性都很好,所以很适合用于婴儿服装。由于整行都是一个针床上编织的线圈,所以脱散性与单面平针织物相似。

(3)编织密度:同单面平针,属于单面织物。

7. 四平空转组织(米兰诺)

(1)结构:由1行四平+1行正面编织+1行反面编织组成的单元组织(没有翻针),循环行为三行(奇数行)一循环,如图1-39所示。

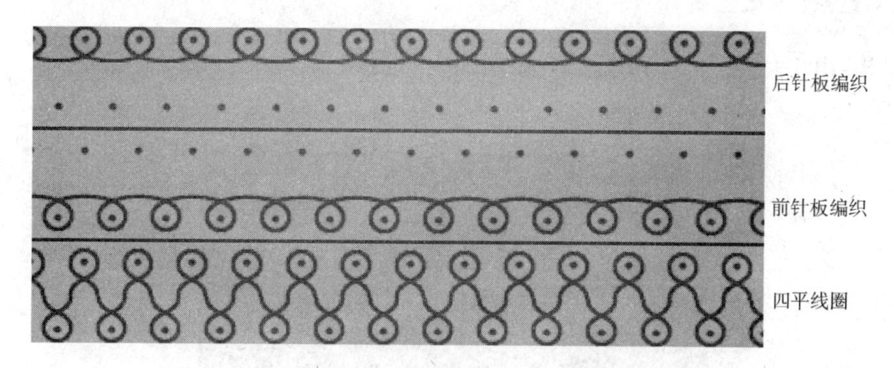

图 1-39　四平空转结构编织图

织物正反两面织物外观一样，织物模拟视图如图 1-40 所示，实物图如图 1-41 所示。

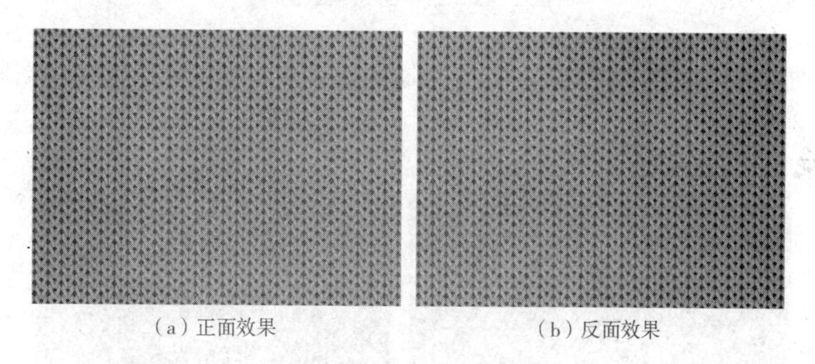

（a）正面效果　　（b）反面效果

图 1-40　四平空转织物视图

图 1-41　四平空转织物实物图

（2）织物特性：不卷边，正反两面看上去都是正面线圈，但与单纯的空气层的织物相比更加厚实，横向延展性低，尺寸稳定性好，且不能用手完全分开成两片，类似于机织物。厚度比单面平针厚。常被用在领子、门襟以及针织外衣、运动衣裤、女裙等处。

（3）编织密度：四平用四平的密度，空转用空转的密度。属于双面织物。

8. 三平组织(半米兰诺)

(1)结构:由1行四平 +1行后针床编织线圈 组成,编织图如图1-42所示。

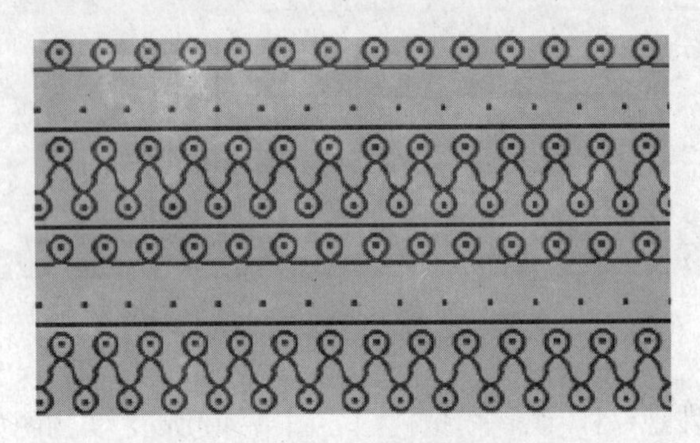

图1-42 三平组织编织图

织物从两面看都是前针板编织线圈,但正反两面行数不同,即正反面的线圈比不同。正面∶反面=1∶2。其模拟织物效果图如图1-43所示,织物图如图1-44所示。

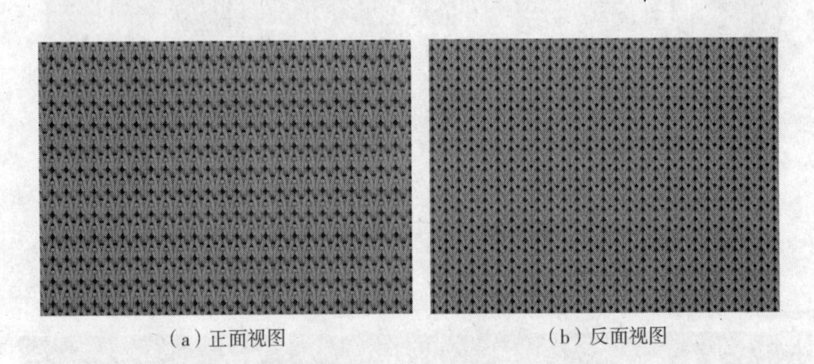

(a)正面视图　　(b)反面视图

图1-43 三平组织织物视图

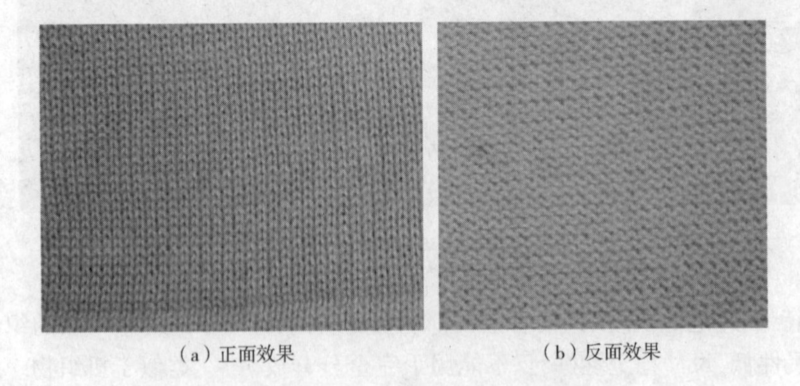

(a)正面效果　　(b)反面效果

图1-44 三平结构的织物实物图

(2)织物特性:三平组织织物没有卷边性;因为两面的线圈行数不同,使得织物两面具有不同的外观,一面线圈紧密,有隐现的凹凸效应,另一面外观平整有拉长线圈;织物的弹性小,但比四平空转织物好；具有较好的稳定性，但略低于四平结构的织物；比四平空转织物略微薄些。可根据款式需要选择织物的正反面。常用于领边，围巾边等。

（3）编织密度：分别使用四平和单面编织的密度。

9. 畦编组织

在罗纹的基础上，又加入了集圈，使得织物变厚、变宽。

（1）双畦编组织。

①结构：该组织为两行一个循环单元：一行为前针板集圈后板编织+一行后针板集圈前针板编织，其编织图如图 1-45 所示。

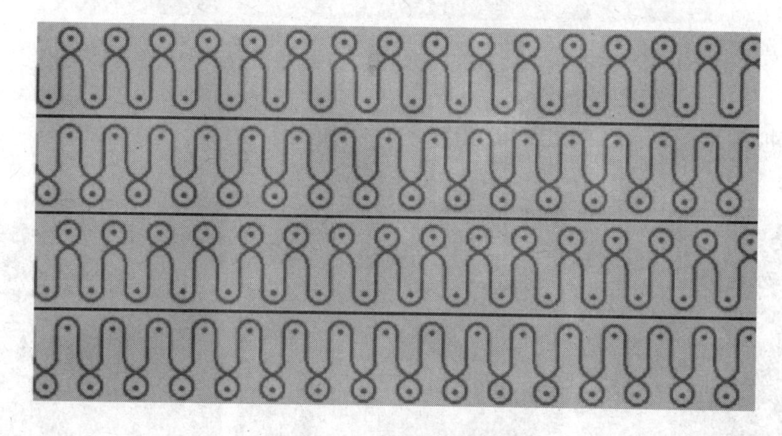

图 1-45　畦编组织编织图

实物图和织物图如图 1-46 所示。

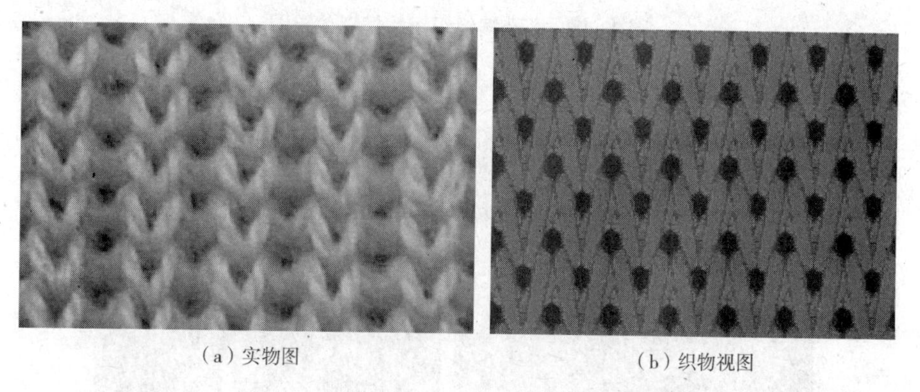

（a）实物图　　（b）织物视图

图 1-46　畦编组织织物实物图和织物视图

②织物特性：畦编组织织物不卷边；织物两面外观一样，由于有集圈，所以线圈"变胖"，布幅变宽。织物横向弹性很好；比单面织物厚，常用于做围巾及毛衫的装饰边。

③编织密度：编织部分的密度如四平，集圈部分的密度小于四平。

（2）半畦编组织（俗称单元宝）。

①结构：与畦编组织相比，用一行四平编织取代前针板集圈后板编织的一行，编织图如图 1-47 所示。

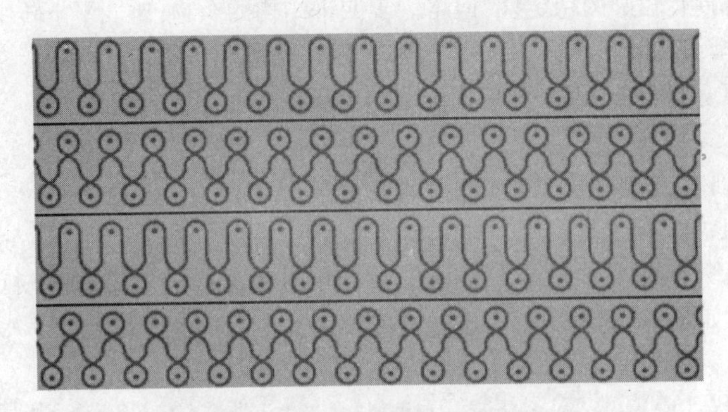

图 1-47　半畦编组织编织图

织物的模拟效果图如图 1-48 所示,织物实物图如图 1-49 所示。

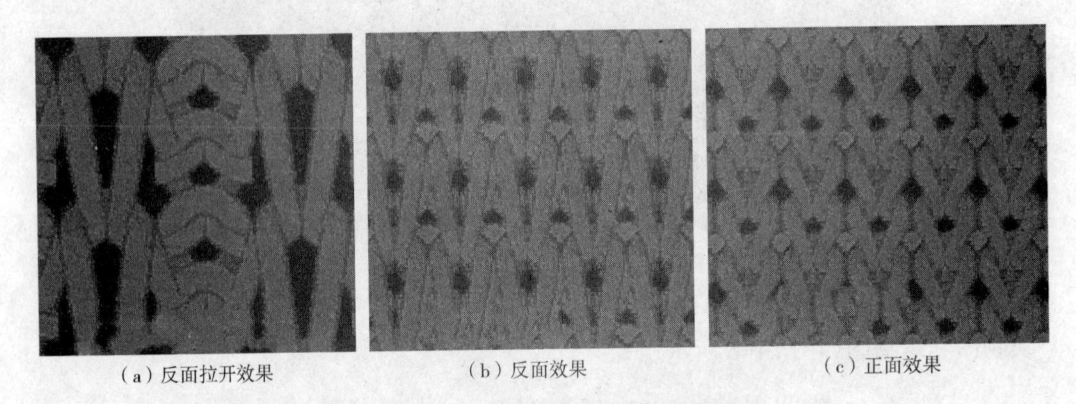

(a) 反面拉开效果　(b) 反面效果　(c) 正面效果

图 1-48　半畦编组织织物模拟效果图

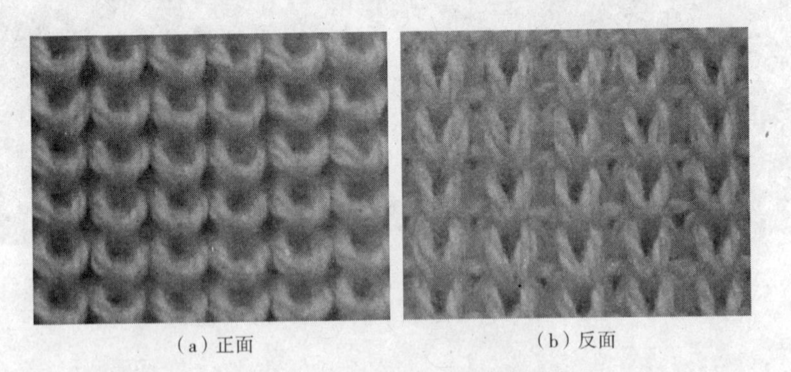

(a) 正面　(b) 反面

图 1-49　半畦编组织实物图

②织物特性:半畔编组织织物不卷边;织物正反面都显示为正面平针效果,但外形不同,由于后针板的集圈动作使得正面成为“胖”圈且不平整,拉开后可看到集圈时产生的两根纱线,反面非常平整;正反面的行数比为 2 : 1。织物横向变宽,具有很好的弹性和延展性。织物厚度比单面平针厚。该组织结构通常用于外穿毛衫的编织。

③编织密度:半畦编组织织物的编织密度同双元宝组织。

(3)变化畦编组织(小蜂窝组织)。

①结构:变化畦编组织采用后针板间行隔针集圈。其编织图如图 1-50 所示,布面效果图如图 1-51 所示。

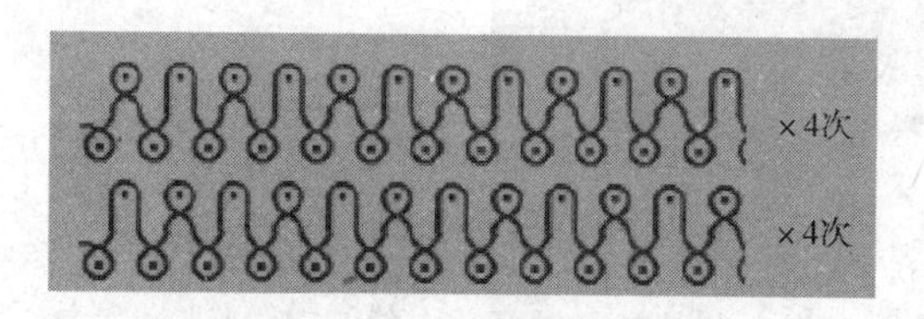

图 1-50　小蜂窝结构编织图

(a)正面织物视图

(b)反面织物视图

图 1-51　小蜂窝结构的织物效果图

②织物特性:变化的畦编组织织物不卷边;正反面外观不同,布面显示纵向曲折的效果,织物横向有弹性,通常用作毛衫的大身花型。

③编织密度:前、后针床使用比罗纹组织稍紧的密度。

(4)摇花效果组织。

①纵向扭曲网眼。

a. 结构:纵向扭曲网眼组织是在后针板编织和集圈,然后摇床后再编织和集圈。编织图如图 1-52 所示,第 1、第 2 行在针床原点[U]0 编织,第 3、第 4 行针床向右横移 1 针[U]R1 进行编织。

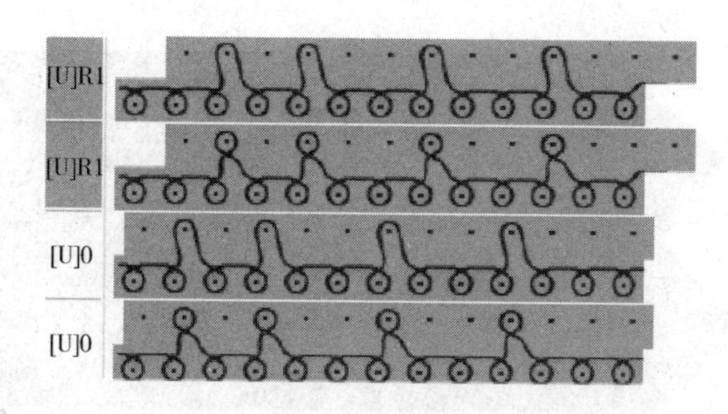

图 1-52　纵向扭曲网眼组织编织图

b. 织物特性:纵向扭曲网眼组织织物两边具有卷边性;织物正反两面呈现不同效果。利用摇床的动作,使正面看上去有扭曲效果,反面有凸起纵条,可根据需要使用在毛衫的花型中,如图1-53所示。

(a) 织物正面

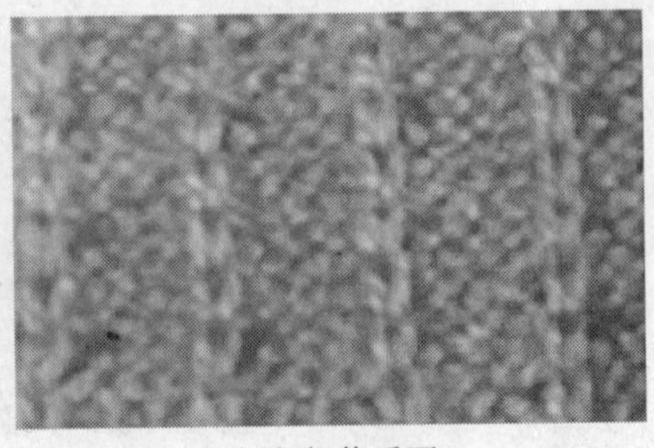
(b) 织物反面

图1-53 纵向扭曲网眼组织织物

c. 编织密度:前针床密度为正常单面编织密度,反面比罗纹稍紧点。

②一针摇床Z字花组织。

a. 结构:编织时为满针畦编组织和针床1针距离横移而形成,如图1-54所示。含有集圈或线圈的后针板相对前针板横移时,产生特殊的倾斜效果。由于是后针床做横移动作,所以当集圈在后针床时,则线圈的歪斜与摇床的方向相反(参见图1-45的下排两行);当集圈在前针床时,线圈的歪斜与横移方向相同(参见图1-45的上排两行)。

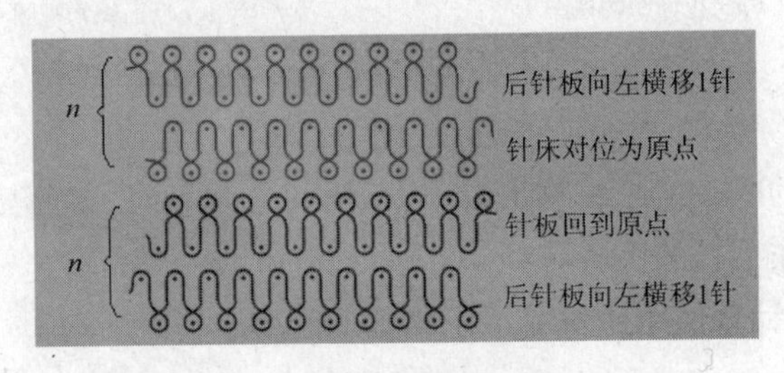

图1-54 一针摇床Z字花组织编织图

集圈在后针床时蓝色编织的效果是织物的正面线圈向左倾斜,粉色编织的效果是织物的反面线圈向右倾斜。

倾斜边的长短取决于行数 n 的数值。图1-55所示的织物图为 $n=10$ 的情况。

图1-55 Z字花织物照片

b. 织物特性:Z 字花织物不卷边,线圈倾斜,织物呈现 Z 字花,织物左右边缘为锯齿形。这种花型常用于编织帽子等。

c. 编织密度:同畦编组织。

③1×1 畦编组织+针床 2 针距离横移(带抽针)。

a. 结构:其编织图如图 1-56 所示,其中上排两行的部分在织物中是使线圈向左倾斜的,下排两行部分是使线圈向右倾斜的。

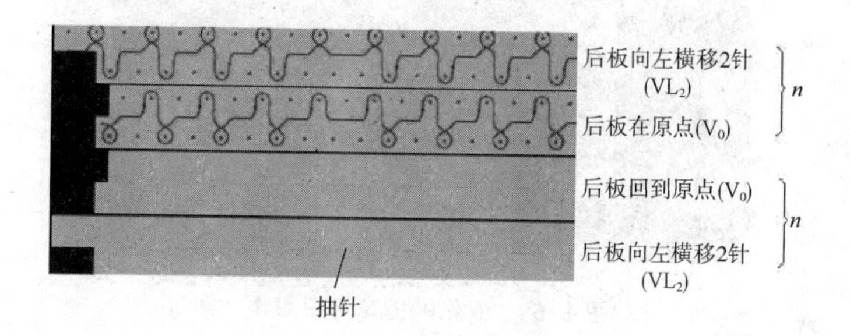

图 1-56　1×1 畦编组织+针床 2 针距离横移组织的编织图

由于横移为 2 个针距,所以线圈的倾斜度更大了,织物视图如图 1-57 所示。

图 1-57　1×1 畦编组织+针床 2 针距离横移组织正面的织物视图

b. 织物特性:织物不卷边;线圈比横移 1 针时更加倾斜,织物的厚度比前者薄。织物两边也呈锯齿状,厚度比单面平针厚。

c. 编织密度:由于需要横移 2 针,织物密度需要小一些。

波纹组织的地组织可以是四平、四平抽条、畦编、畦编抽条等结构。波纹组织变化丰富,非常具有动感,常用在领子、帽子、裙子或毛衫上。

根据抽针的多少以及地组织的不同,可以得到不同的织物效果,如图 1-58 所示。

10. 其他组织

(1)提花组织。提花组织是将不同颜色的纱线垫放在按花型要求所选择的某些针上进行编织成圈的一种组织,那些不垫放纱线的织针也不进行退圈。在单面织物中,新纱线就以浮线的形式处于织物的反面;而在双面织物中,新纱线则被夹于前、后针床所编织的线圈中间。提花

图1-58　变化的扳花组织织物

组织的种类很多,有单面提花组织(图1-59)、双面提花组织,单色提花组织、双色提花组织。

图1-59　单面提花织物效果图

单面提花组织的结构有均匀提花和不均匀提花两种。在结构均匀的提花组织中,所有线圈的大小基本相同。在线圈结构不均匀的提花组织中,线圈的大小不完全相同,如果将平针线圈与提花线圈进行适当的排列,就可以在织物表面形成各种花色效应。单面提花织物除了由提花线圈在织物正面组成花色图案外,也可以由精心设计的反面浮线来组成花纹图案,并以织物的工艺反面作为服用正面,这种织物称为浮线花纹织物。浮线花纹织物一般是由等长的短浮线在织物的反面组成图案,浮线凸起,酷似浮雕,使花纹呈现立体图案效应。

双面提花组织的织物一般采用在织物的一面提花,作为服用正面使用,而另一面不提花,作为服用反面使用。根据反面组织的不同,双面提花织物可以分为完全提花和不完全提花。根据线圈结构的不同又可分为均匀提花和不均匀提花。如果在每次垫纱编织过程中,所有后针床的织针都参加工作,所形成的双面提花织物为双面完全提花织物。如果在每一路的垫纱编织过程中,后针床的织针都是一隔一参与编织,所形成的双面提花织物称为不完全提花织物组织。

(2)横纵条组织。

①横条类织物是采用不同颜色或不同原料的纱线,通过变换喂纱梭嘴对织物进行间隔编织,从而在织物表面形成的具有横条纹效应的织物,如图1-60所示。也可以采用不同的织物组织结构进行间隔编织,而在织物表面形成横条纹的效应。横条纹织物有彩色横条和素色横条两大类。

图1-60　横条织物效果图

②纵条织物是采用不同颜色、不同性质、不同线密度的毛纱,通过两个以上的喂纱梭嘴,对织针进行有选择地喂纱,在织物的表面产生具有间隔纵条效应的织物,如图1-61所示。和横条效应织物一样,纵条类织物也有单面、双面、彩色、素色等多种类型。横条、纵条织物实际上属于简单的提花织物。

图1-61　纵条织物效果图

(3)添纱组织。添纱组织是指织物上全部或部分线圈由两根纱线形成的一种组织。由两根纱线形成的双线圈组织并不一定都是添纱组织,只是在一根纱线(添纱,或称面纱)有规律地覆盖于另一根纱线(地纱)外面的情况下,才可以称其为添纱组织。

①满地添纱组织是指织物内所有的线圈均由两根纱线形成添纱组合。添纱形成织物的正面,地纱形成织物的反面。织物正面显示出由一种纱线编织的线圈,反面也仅显示由另一种纱线编织的线圈,因而织物的正反两面呈现不同的色彩外观或具有两种不同的服用性能。在满地

添纱组织的基础上,两种纱线在钩针内的位置还可以根据花纹设计要求进行交换,形成的组织称为交换添纱组织。

编织添纱组织时,对织针、导纱器、沉降片的形状、纱线张力以及纱线粗细等均有特别要求,对各种成圈机件的调节也有较高要求,处理不当,将影响两个线圈的覆盖效果。

②部分添纱组织是指织物内仅有部分线圈是由两根纱线形成的添纱组织。部分添纱组织主要有两种,一种是绣花添纱组织,另一种是架空添纱组织。绣花添纱组织是指把与地组织同色或异色的纱线作为添纱覆盖在织物的部分地组织线圈上,形成一定的花纹图案。在绣花添纱组织中将面纱称为绣花线。这种组织在花纹的反面有较长的纵向浮线,且花纹部分的线圈较地组织为厚,不平整。这种组织常用在织袜生产中。

架空添纱组织中的两根纱线粗细对比强烈,地纱的纱线线密度非常小,添纱的纱线线密度非常大。单独由地纱编织之外,织物稀薄、透光性好,好似有网孔;双纱编织之处,织物厚实、不透光,似为地组织,既有假网眼效应,又有烂花效应,袜品生产中的网眼袜即为采用这种组织。

添纱组织一般采用平针组织,其特性基本与平针组织相似,但因有一些添纱组织中有浮线存在,且密度较平针组织为大,故其延伸性和脱散性较平针组织为小。

(4)毛圈组织。毛圈组织是由平针线圈和带有拉长沉降弧的毛圈线圈组合而成的。一般由两根纱线编织而成。一根纱线编织地组织线圈,另一根纱线编织带有拉长沉降弧的线圈。毛圈组织可分为普通毛圈组织、花式毛圈组织,同时还有单面和双面毛圈组织之分。

毛圈织物在使用中,由于毛圈伸出织物外方,容易受到意外的抽拉,使毛圈纱产生滑移而破坏织物的外观。因此,为了防止毛圈受意外抽拉而转移,可将织物编织的密一些,增加毛圈转移的阻力,并可使毛圈直立。

毛圈组织是具有添纱组织的特性,为了使毛圈纱与地纱有很好的覆盖关系,毛圈组织的编织应遵循添纱组织的编织条件。毛圈组织具有良好的保暖性与吸湿性,产品柔软、厚实,适合制作内衣、外衣等。

(5)复合组织。复合组织是由两种或两种以上的组织复合而成的,如图1-62所示为移圈与绞花复合织物效果图。它将改善织物的外观和性能。复合组织有单面和双面之分。利用多种组织的复合,可使织物产生横向凸纹、褶皱、凹凸花纹等效应,或使织物两面具有不同服用性能和外观,或两种花色效应。

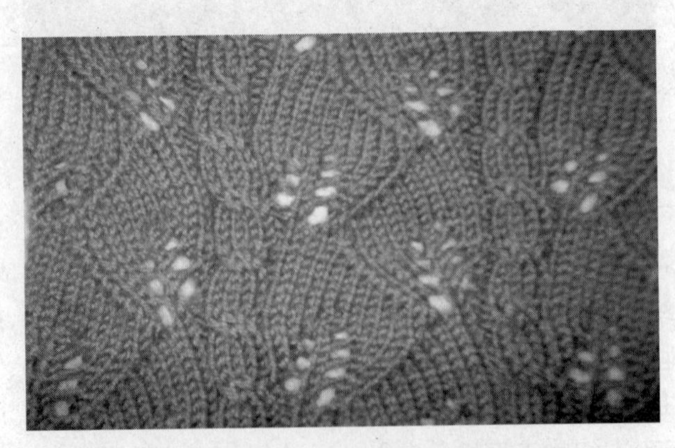

图1-62 移圈与绞花复合织物效果图

复合组织一般采用平针、罗纹、集圈、浮线以及衬纬等组织的复合，也有采用纱罗组织和波纹组织与上述组织复合的。这些组织一般用在羊毛衫生产中。

①集圈—平针复合组织：集圈—平针复合形成的产品，在织物的两面由不同品种的纱线形成不同的风格。由于这种组织一面由涤纶低弹丝或锦纶弹力丝或腈纶纱形成，另一面由棉纱形成，目前习惯称这种织物为涤盖棉织物。

②罗纹复合组织：罗纹复合组织由正、反面线圈纵行根据花纹的需要进行排列而形成，正、反面线圈纵行排列不同，将形成不同风格的织物。

③平针—罗纹复合组织：平针罗纹复合组织有许多种，例如，组织可按花纹要求将平针线圈配置在罗纹组织内，形成具有凹凸花纹效应的织物。花纹凸出部分，由平针线圈形成，凹进部分由罗纹的正面线圈形成。这种组织常被称为胖花组织，凸出织物表面的平针线圈称为胖花线圈。胖花组织可分为单胖和双胖组织；还可分为单色、两色和三色胖花组织。

六、针织用纱

（一）针织纱原料

横机产品主要为粗厚保暖类服装，以秋冬和春秋季服用为主，过去所用的原料主要是羊毛纤维，因此习惯上将它们统称为羊毛衫。但是，随着科技发展和产品品种的不断更新，新型原料层出不穷，各种纤维的复合渐成趋势，甚至毛纤维、丝纤维、纤维素纤维和合成纤维可以混合在一起以形成特殊风格的纤维材料，用于毛针织产品的生产也成为一种时尚。

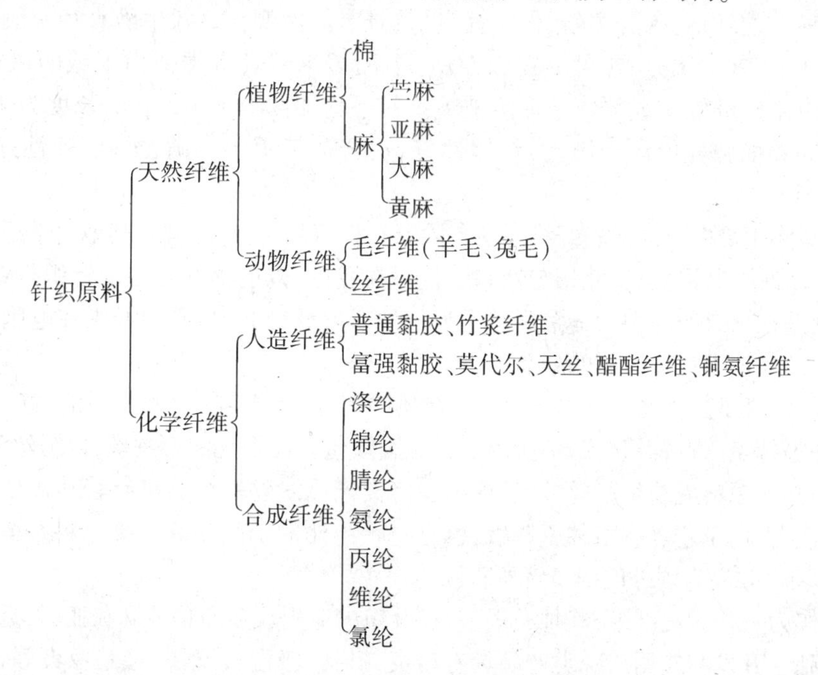

毛类纤维是毛针织生产的主要原料，通常所说的羊毛纤维就是绵羊毛纤维。绵羊毛具有弹性好、吸湿性强、保暖性好、不易沾污、光泽柔和的特点，用它制作的产品手感滑糯、蓬松、身骨丰厚。在毛针织生产中所用的羊毛有纯羊毛和羊毛与其他原料混纺的纱线，使用最多的是羊毛与腈纶混纺的纱线。羊毛纱以精纺纱为主，可以制作高特高档产品。近年来开发的丝光羊毛，是使用化学方法去除羊毛表面的鳞片，使纱线变得光滑柔软，用于编织凉爽、机可洗的毛针织品，

也可以减轻羊毛的刺扎感。通过羊毛拉细工艺可以降低羊毛纤维的细度,使其具有羊绒的手感和风格。羊仔毛又称羔羊毛,主要是绵羊羔毛,也包括一些精纺羊毛梳下来的短毛。羊仔毛纤维长度较短,纤维直径较细,以粗纺纱为主,可以纯纺,也可与羊绒或锦纶混纺。羊仔毛产品经缩绒后毛感强、柔软、蓬松、弹性好、保暖性好。

除绵羊毛外,雪兰毛、马海毛和兔毛也在毛针织中使用。雪兰毛原产于英国的舍特兰(Shetland)群岛,产量不大,多以新西兰半细羊毛代用。雪兰毛纤维细软有光,含少量粗毛,制成的粗纺雪兰毛衫产品手感柔软、富有弹性、光泽好、风格粗犷时尚。马海毛为安哥拉毛用山羊毛的商品名,具有天然白色、光泽明亮,毛丛整齐、松散,呈螺旋或波浪形卷曲,纤维表面平滑,具有蚕丝的光泽,弹性与强伸性好,洗后不易毡缩。马海毛衫产品一般经缩绒、拉绒、拉毛整理以显示表面较长的光亮纤维,外观华丽、手感滑爽、挺括而富有弹性。毛针织中使用的兔毛是长毛绒兔毛,又叫安哥拉兔毛。安哥拉兔毛像安哥拉羊毛一样雪白且长,纤维蓬松、吸湿性好,具有轻、暖、软的特点。但因其抱合力差,强度较低,单独纺纱比较困难,多与羊毛等混纺。

近年来,随着人们生活水平的提高,各种绒类毛纤维也成为毛针织产品生产的重要原料,其中以羊绒最为流行。羊绒主要是指从绒用山羊身上或皮上获取的绒毛,纤维细长均匀、柔软、弹性好、拉力强、光泽柔和,具有白、青、紫等天然颜色,其中白色最为珍贵。羊绒价格昂贵,被称为软黄金。在毛针织中所使用的羊绒纱以粗纺纱为主,经缩绒整理后手感柔软、滑糯、轻薄、保暖性好,因其绒质柔软没有羊毛的刺扎感,可以贴身穿着。牦牛绒也是一种精细的特种动物纤维,手感柔软,保暖性良好,具有天然颜色。牦牛绒直径一般在35μm及以下,平均19.3~20.2μm。含粗率在2.5%以下的牦牛绒具有类似山羊绒的风格。驼绒是指骆驼毛中由细短纤维构成的内层保暖被毛。其平均细度为14~23μm,长度为40~135mm。驼绒卷曲数和卷曲弹性仅次于澳毛,纺纱性好,适合加工手感丰满、柔软、弹性好、保暖性好的粗纺驼绒衫裤。

棉纤维是使用最广泛的天然纤维原料。除了纯棉产品外,它还常与其他化学纤维混纺或与氨纶等交织,以改变其强度、尺寸稳定性和弹性。在我国,以前棉纤维在毛针织行业应用较少,近年来,特别是在出口产品中大量采用。作为一种新型纤维原料,彩棉纤维在电脑横机上编织的高档衫裤,已经成为一种时尚的新品种。

天然蚕丝纤维是高档纺织纤维原料,具有强伸度好、纤维细而柔软、平滑、富有弹性、光泽好、吸湿性好等特点。在针织生产中所用的天然蚕丝包括柞蚕丝和桑蚕丝,以绢丝为多,可以纯纺,也可以与其他原料混纺生产丝绒、丝棉和丝麻类产品。丝针织品具有轻薄柔软、手感丰满、吸湿透气等优点,由于它含有多种氨基酸,也是一种天然的护肤保健纤维原料。蚕丝产品还以其独特的"丝鸣"效果为国外的消费者所青睐。

麻纤维作为一种韧皮纤维,其种类很多,在针织中应用较多的是苎麻和亚麻,近年来大麻和罗布麻也得到了开发和应用。麻类产品具有滑爽、挺括、吸湿放湿快、穿着凉爽等特点,大麻和罗布麻还具有一定的保健和卫生功能。但因麻纤维一般刚度较大,不易弯曲,纱线需要进行改性和柔软处理,或与其他纤维混纺,否则不仅不易编织,在编织某些结构时线圈歪斜也较大,贴身穿着时会有刺痒的感觉。

近几年,再生纤维新品种不断涌现,在针织生产中也得到了广泛的应用,很多已经成为新产品开发的首选。再生纤维包括再生纤维素纤维和再生蛋白纤维。一些新型的再生纤维素纤维如天丝、莫代尔、竹纤维等因其具有优良的服用性能，如吸湿性、透气性或抗菌性等，经常被用于与传统的针织原料混纺生产高附加值的产品。新型再生蛋白质纤维如大豆蛋白纤维、牛奶纤维和蛹蛋白纤维等也因其良好的功能性在针织产品中得到应用。

在毛针织中，应用较多的化学纤维是腈纶、锦纶和氨纶。腈纶手感柔软蓬松，特别是膨体纱，性质与天然羊毛相近并具有优良的保暖性能，故有合成羊毛的美誉，可作为纯纺和混纺原料。锦纶具有很好的耐磨性、弹性和吸湿性，可以与羊绒混纺生产羊绒类产品。氨纶具有很好的弹性和延伸性，作为产品的添加剂，在针织产品中得到广泛应用，以提高产品的弹性和保型性。

（二）针织常用纱线细度指标

1. 定重制

英制支数(N_e)的定义：重 1 磅的纱线在公定回潮率下所具有长度的 840 码的倍数。例如，重 1 磅的纱线有 32 个 840 码即为 32 英支。多用于纯棉、涤棉混纺等短纤类纱线产品。

公制支数(N_m)的定义：公制支数是指，重 1g 的纱线在公定回潮率下所具有的长度(m)。例如，重 1000g 的纱线有 60 个 1000m 即为 60 公支。多用于毛、麻类产品。支数越高纱线越细，反之越粗。

2. 定长制

线密度(Tt)定义：1000m 长纱线在公定回潮率下的重量(g)，单位为特克斯(tex)，简称特，多用于纯棉、涤棉混纺等短纤类纱线产品。由于纤维细度较细，用特数表示时数值过小，故常采用分特(dtex)或毫特(mtex)表示细度，且 1dtex = 0.1tex，1mtex = 0.001tex。

纤度(N_d)定义：9000m 长的纤维或丝在公定回潮率下的重量(g)。纤度越高纱支越粗，反之越细，多用于纯涤、氨纶、真丝等长丝类产品。

（三）纱线细度指标之间的换算

公定回潮率相同时，各指标之间的换算关系如下：

$$N_e = 0.59N_m$$

$$\mathrm{Tt} = 1000/N_m$$

$$N_d = 9\mathrm{Tt}$$

$$N_d = 0.9\mathrm{dtex}$$

七、纱线按结构分类

单纱：只有一股纤维束捻合的纱，针织常用 Z 捻纱，如 32S 棉：是指一根 32 英支棉纱。

股线：两根或两根以上的单纱捻合而成的线，通常股纱是 S 捻，横机类针织品常用股线。如 26S/2 毛：是指两根 26 公支毛纱合成一股线。

单丝：化纤喷丝头中的一个单孔形成的单根长丝。如 20D 氨纶：是指一根 20 旦氨纶。

复丝：由两根或两根以上的单丝合在一起。如 100D/48f 涤纶：是指一束 100 旦的涤纶由 48 根单丝组成。复丝在横机类产品生产中常用于做废纱。

包覆纱：是以长丝或短纤维为纱芯，外包另一种长丝或短纤维纱条，如锦纶氨纶 2070 指 70D 的锦纶包覆 20D 氨纶，包覆纱常用于编织领罗纹、袖罗纹、下摆罗纹及起头纱时使用。

八、针织用纱的基本要求

为了保证针织过程的顺利进行以及产品的质量，对针织用纱有下列基本要求：

(1)具有一定的强度和延伸性,以便能够弯纱成圈。

(2)捻度均匀且偏低。捻度高易导致编织时纱线扭结,影响成圈,而且纱线变硬,使线圈产生歪斜。

(3)细度均匀,纱疵少。粗节和细节会造成编织时断纱或影响布面的线圈均匀度。

(4)抗弯刚度低,柔软性好。抗弯刚度高,即硬挺的纱线难以弯曲成线圈,或弯纱成圈后线圈易变形,通常纱线要经过络纱打蜡。

(5)表面光滑,摩擦系数小。表面粗糙的纱线会在经过成圈机件时产生较高的纱线张力,易造成成圈过程纱线断裂。

九、编织工艺

毛衫编织工艺的设计计算,是毛衫产品设计过程中的重要环节,其工艺的正确与否直接影响产品的款式造型及规格尺寸,并对劳动生产率、成本均有很大的影响。因此设计时必须以根据产品的款式特点、配色、花型、规格,确定原料、机器的型号机号、织物密度,编织工艺。以105cm V领男开衫为例,其成品规格尺寸见表1-1,款式及测量图如图1-63所示。

表1-1 105cm V领男开衫成品规格尺寸

编号	1	2	3	4	5	6	7	8	9	10	11	12	13
部位	胸宽	衣长	袖长	挂肩	肩宽	下摆罗纹	袖口罗纹	后领宽	领深	门襟宽	袋深	袋宽	袋边宽
尺寸(cm)	52.5	69	56	23.5	42	5	5	10	26	3.2	13	11.5	2

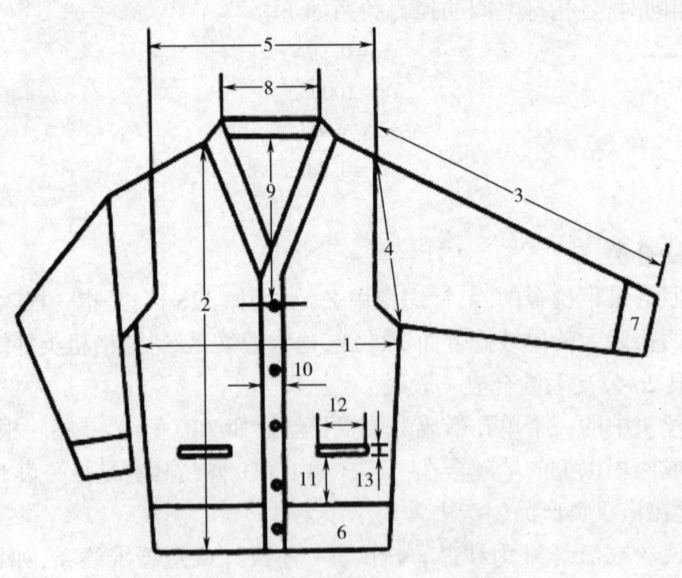

图1-63 V领男开衫款式及测量图

编织操作工艺单如图1-64所示。

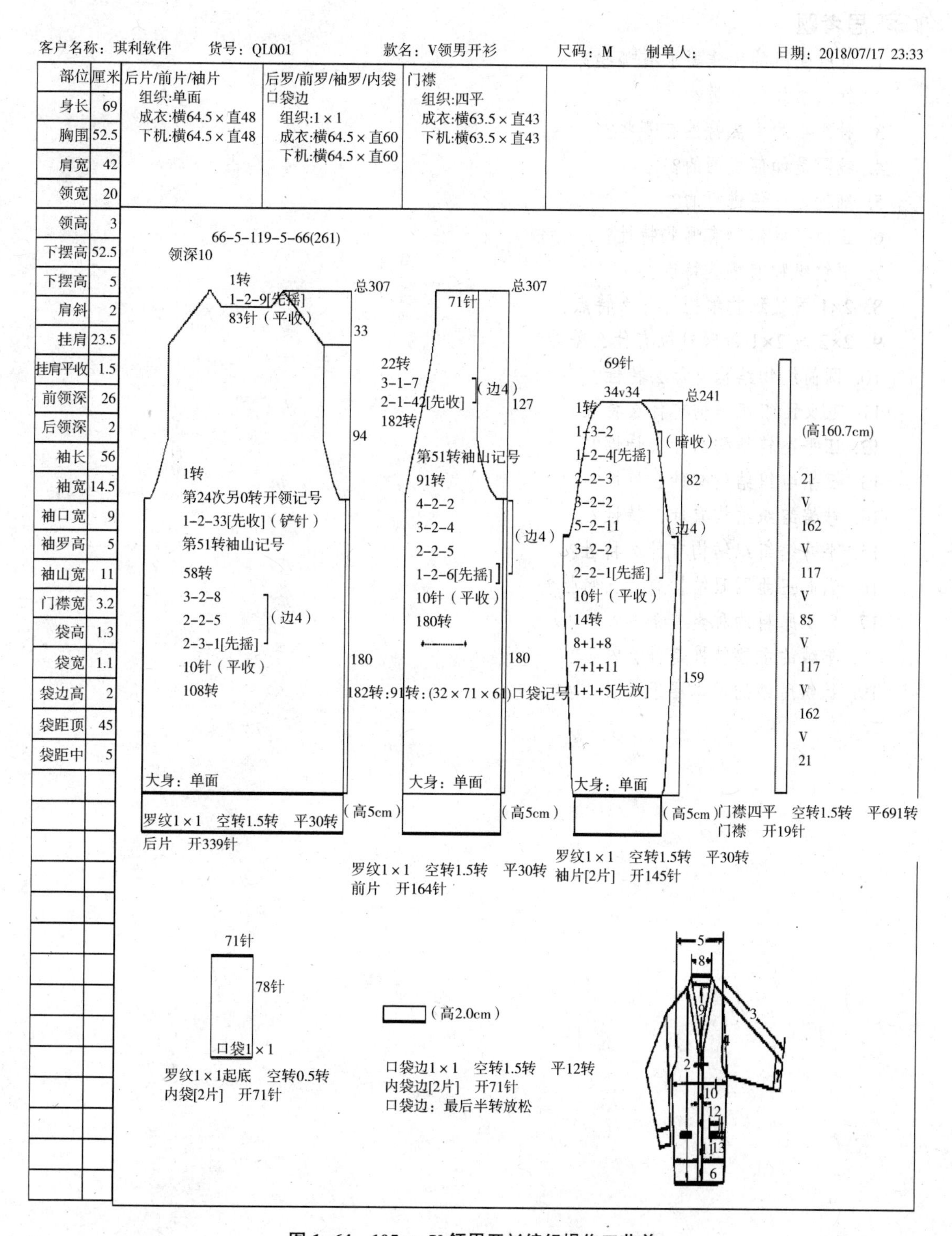

图 1-64　105cm V 领男开衫编织操作工艺单

思考题

1. 电脑横机的操作要求有哪些?
2. 针织物如何分类?
3. 针织物的主要特性有哪些?
4. 线圈是如何成圈的?
5. 翻针是如何进行的?
6. 正面平针织物有哪些特性?
7. 罗纹织物有哪些特性?
8. 2×1 罗纹织物结构有什么特点?
9. 2×2 与 2×1 针床对位有什么差异?
10. 圆筒织物结构有什么特性?
11. 双反面组织结构有什么特性?
12. 四平空转结构有什么特性?
13. 三平组织结构有什么特性?
14. 畦编组织结构有什么特性?
15. 半畦编组织结构有什么特性?
16. 纵向扭曲网眼结构有什么特性?
17. 针织原料的种类有哪些?
18. 羊绒的主要特性是什么?
19. 针织用纱的基本要求是什么?

第二章　电脑横机介绍

第一节　电脑横机外观及各部件功能简介

一、电脑横机外观

电脑横机外观如图 2-1 所示。

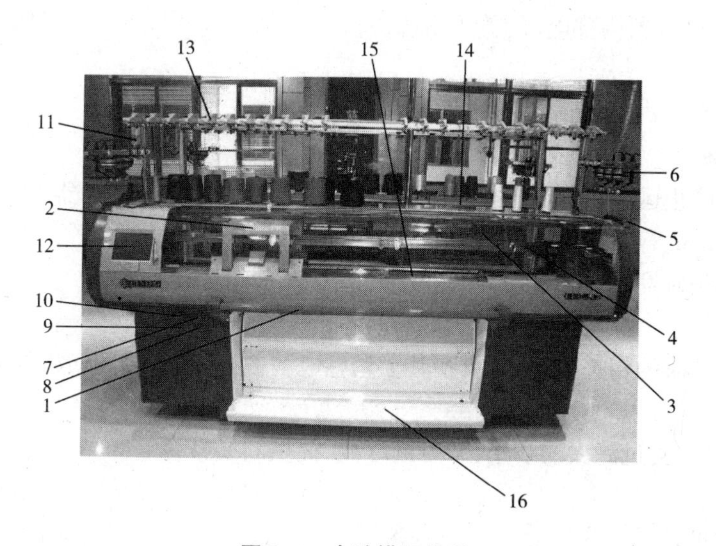

图 2-1　电脑横机外观

1—操纵杆　2—机头　3—防护罩　4—天杆　5—右(左)收线　6—输纱器
7—绿色按钮　8—红色按钮　9—U 盘插口　10—急停开关　11—运行指示灯
12—显示屏　13—天线台　14—置纱板　15—针板　16—托盘

二、各部功能简介

电脑横机各部功能如下。

1. 操纵杆

启动开关,顺转启动,反转停。操纵杆共有三个位置,顺转两个,反转一个。顺转第一个位置是启动,大约转动 45°,第二个是高速运行,转到最大位置;反转一个是停止。

2. 机头

控制织针和纱嘴座工作的装置。本书以单机头双系统为例,是指在一个机头里有左右两个系统。左右的区分为:站在机器的正面,面对机器左边是左系统,右边是右系统。机头由山板、电源控制箱、铝外壳三部分组成。

3. 防护罩

防止机器运作时,身体的任何部位和其他物品进入机头运行范围,造成人身意外伤害或机头相撞而被毁坏。

4. 天杆

纱嘴乌斯座运行轨迹,共有四条。

5. 右(左)收线

控制纱线,断纱自停,调整送纱张力。

6. 输纱器

过滤并储存纱线,起送纱作用。

7. 绿色按钮

按下开机,启动机器内部电源,打开系统。

8. 红色按钮

按下关机,切断机器内部电源,关闭系统。

9. U盘插口

供机器读入U盘内容。

10. 急停开关

按下机器将停止运行,起到安全保护作用。转动弹起后才能开动机器。

11. 运行指示灯

横机正常工作时发绿光,待机时绿光闪烁,出现故障时发红光。

12. 显示屏

显示机器运行时的相关信息,并可在其上调整电脑横机参数,控制横机的工作。

13. 天线台

纱线运行的轨道,过滤大的纱结,并拉紧纱线,提供断线报警。

14. 置纱板

放置纱线的平台。

15. 针板

针板分前针床和后针床两块,针板内装有织针,织针在机头的带动下完成各种编织动作。

16. 托盘

接纳编织好的织片。

第二节　电脑横机机型介绍

随着新技术的应用,针织成型服装现在越来越多地使用了全自动电脑横机,电脑横机除了在编织过程中利用自动放针、拷针或收针来改变针床上的工作针数和编织行数达到衣片成型的目的以外,最重要的是可以自动翻针、自动换梭、自动调节密度、自动改变组织结构、自动调幅等,极大地提高了横机编织的生产效率,同时电脑横机的多功能使针织成形服装设计的空间变得更加广阔。电脑横机的设计系统在使用上也越来越方便,只要操纵键盘和鼠标即可。

与普通手摇、半自动横机相比，电脑横机具有成型编织功能、多成圈系统、由伺服步进电动机控制、更换品种简便迅速、生产效率高等特点之外，电脑横机控制系统以福建睿能科技股份有限公司生产的F4000系列为代表，其采用图形全中文界面，可视驱动设计，易于操作；具有自我识别和安全报警信号处理等功能；电控采用模块化设计，便于维修；程序盒配宽大显示屏，画面形象直观，编辑操作简单方便。

目前，国内常见的电脑横机主要分为多级式选针和单级式选针两大类，其中多级式选针以江苏金龙科技股份有限公司的LXC-252SC型电脑横机为代表，单级式选针以德国斯托尔(STOLL)公司的CMS系列电脑横机为代表。

一、多级式选针电脑横机结构及原理

(一)多级式选针电脑横机的结构

多级式选针电脑横机结构如图2-2所示。

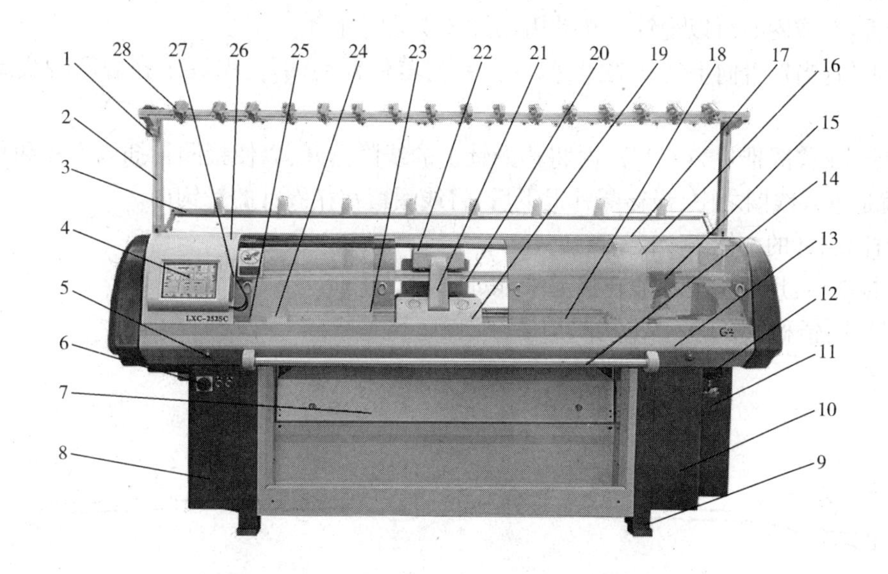

图2-2　LXC-252SC型电脑横机的基本结构

1—指示灯　2—上输纱装置(张力器)支臂　3—辅助纱架　4—操作面板　5—急停开关
6—电源开关　7—起底板系统　8—左侧电器箱　9—机架　10—装饰箱　11—供油润滑系统
12—主、副电动机(马达)　13—前护板　14—操纵杆　15—导纱器(纱嘴、乌斯)组合
16—有机玻璃护罩　17—置纱板　18—针床(针板)　19—机头(三角底板系统)机头护盖
20—导纱器轨道(天杠)组合　21—机头桥臂(天桥)　22—换梭系统　23—沉降片(信克片)床
24—剪刀系统　25—针床基座　26—显示器护罩　27—触摸笔　28—上送纱控制装置(电子张力器台)

除上述组件外，LXC-252SC型电脑横机还包括副牵拉(拉布)系统、摇床组合、侧送纱张力装置、主传动系统、辅助送纱器、配电盘组合等机构。

(二)多级式选针电脑横机的基本工作原理

1. 针床与三角组件及其配置

(1)织针与选针机件。

①织针。LXC-252SC型作为新一代电脑横机，采用的是带有扩圈片的织针，如图2-3所

示,它由两个单独部件组成:即针杆与针舌。它是用优质钢片冲压而成,各部分的名称和作用如下。

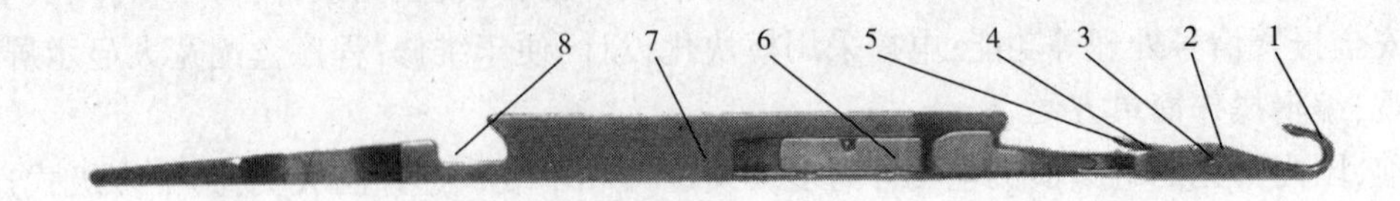

图2-3　织针图

1—针钩(针头)　2—针舌槽　3—针舌销　4—针舌　5—针舌勺　6—扩圈片　7—针杆　8—连接缺口

a. 针钩(针头):在成圈过程中钩住纱线。

b. 针舌槽:在针杆上铣削加工而成,用于安装针舌。

c. 针舌销:针舌转动轴。

d. 针舌:在成圈时可以绕针舌转动用以打开或关闭针口。

e. 针舌勺:当针舌向上转动关闭针口时,针勺盖住针钩端部,保证了在脱圈时线圈顺利滑过针头。

f. 扩圈片(移圈推片):在移圈时将移圈针上的线圈撑开,以使接圈针插入推片和移圈针体之间,也就是进入线圈之中,当移圈针退下后,将线圈留在接圈针的针钩内。

g. 针杆:织针的本体。

h. 连接缺口:用于与挺针片连接起来,以使两者共同运动。

②挺针片:俗称长针脚,其结构如图2-4所示。

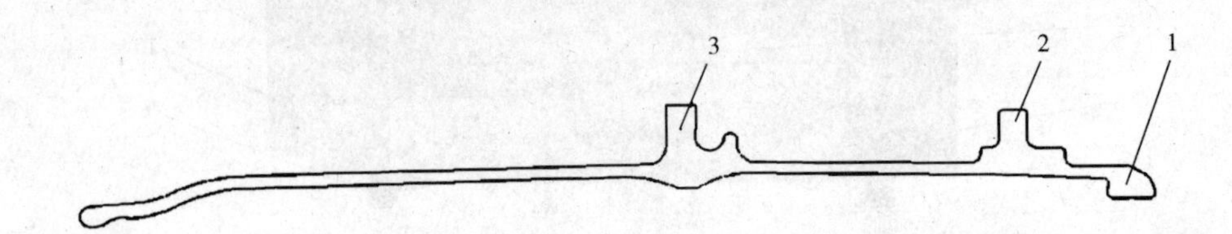

图2-4　挺针片

1—片头(连接头)　2—移圈片踵　3—编织、集圈片踵

挺针片靠其片头(连接头)1通过织针的连接缺口将挺针片和织针连接在一起。挺针片有两个片踵,分别是移圈片踵2和编织、集圈片踵3,在机头的挺针片三角轨道中运动,推动挺针片上升或下降。挺针片的针杆有一定的弹性,当挺针片不受压时,片踵伸出针槽,可以沿着机头中的三角运动并推动织针上升或下降,完成相应的编织动作;当挺针片受压时,片踵进入针槽里,不与三角作用,其上的织针就不能上升或下降。

③弹簧片:俗称弹簧针脚,其结构如图2-5所示。

推片位于挺针片上方,其片踵1受机头三角系统中各种压片的控制。当片踵受压时,位于其下方的挺针片片踵进入针槽里,使其不与三角作用;当片踵不受压时,位于其下方的挺针片片踵伸出针槽,随三角的运动并推动织针工作。推片下部的限位槽2可以根据编织要求将推片固定在某一高度位置,其具体功能后文详述。

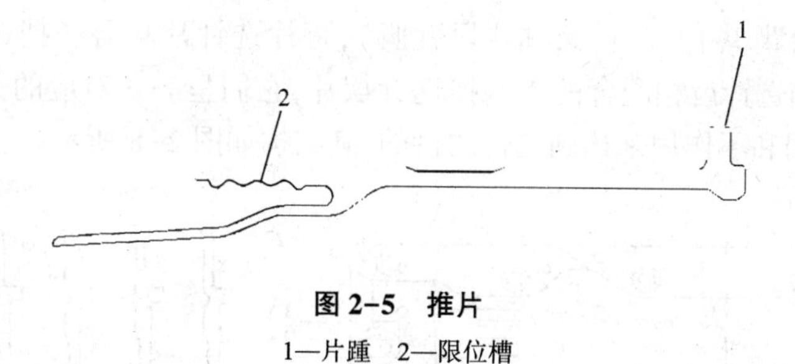

图 2-5　推片

1—片踵　2—限位槽

④选针片：俗称选针脚，其结构如图 2-6 所示。

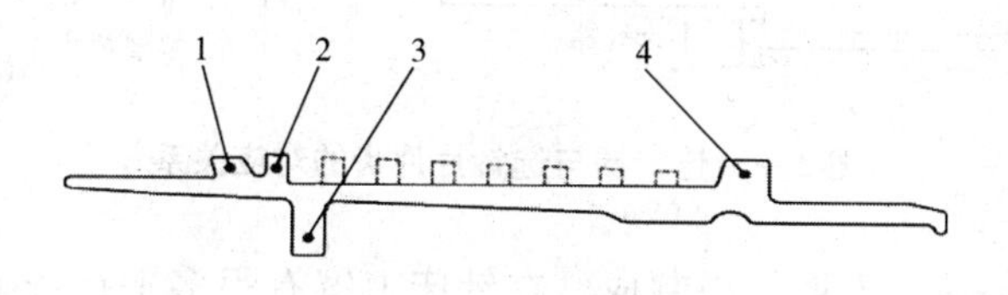

图 2-6　八挡齿选针片

1—片踵　2—选针齿　3—后片踵　4—上前片踵

选针片有三个片踵和一个选针齿（该机选用八挡齿选针片，每片只留一种高度的选针齿）。其中下片踵 1 沿机头里的三角轨道运动，推动选针片沿针槽上升，从而由后片踵 3 将推片推至 A、H、B 三种不同的工作位置，使织针达到不同的编织要求；上前片踵 4 用于将升上去的选针片压回到起始位置；选针片上的选针齿 2 受机头上选针器的选针摆片控制。如图 2-7 所示，选针摆片与选针片齿相对应，也有八挡不同高度；当某一挡选针摆片处于正常位置时，同挡的选针齿被压下，相应的织针处于不工作状态，如图 2-7（a）所示，当某一挡选针摆片向上摆动时，同挡的选针齿不被压下，下片踵 1 在三角的作用下推动选针片上升，并将推片（弹簧片）推至不同高度，进入相应的工作状态，如图 2-7（b）所示。

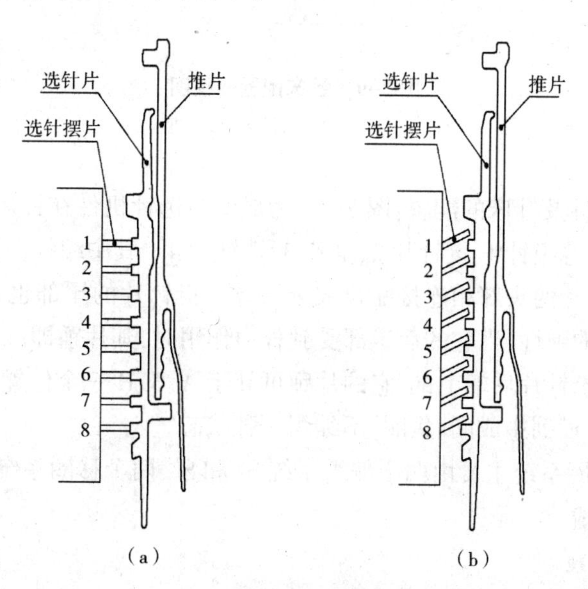

图 2-7　选针状态图

选针片上的选针齿共有八挡(又称八段针脚),每片选针片只有一挡选针齿,可以排列为“/”或“\”,与此八挡选针齿相配合的是八挡选针摆片,它们呈一一对应的关系,通过八挡选针摆片对选针齿的作用和不作用来达到选针的目的,其结构如图 2-8 所示。

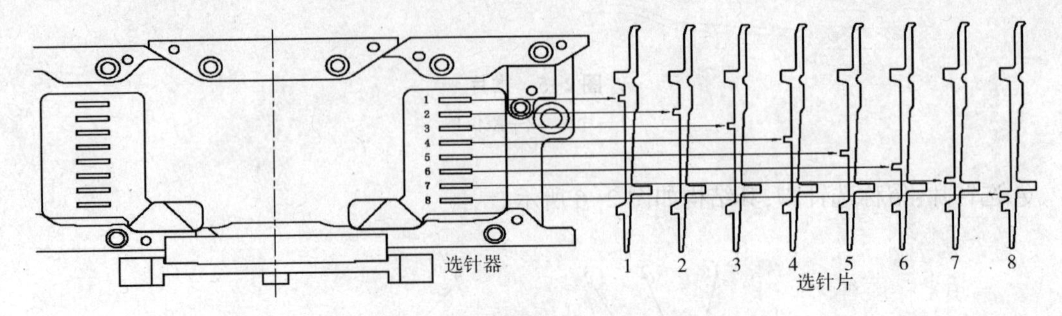

图 2-8 选针器与选针片片齿的对应关系

(2)针床:针床由一块长方形钢板制成。在针床上镶有很多平行排列的可更换钢片,在钢片与钢片之间形成针槽,织针和其他选针机件被顺序地排列在针槽中,可以沿针槽上下运动。通常电脑横机装有两个针床,靠近操作人员的是前针床 1,与它相对的是后针床 2,分别放置在机座 3 的两边,两个针床的夹角为 100°,如图 2-9 所示。

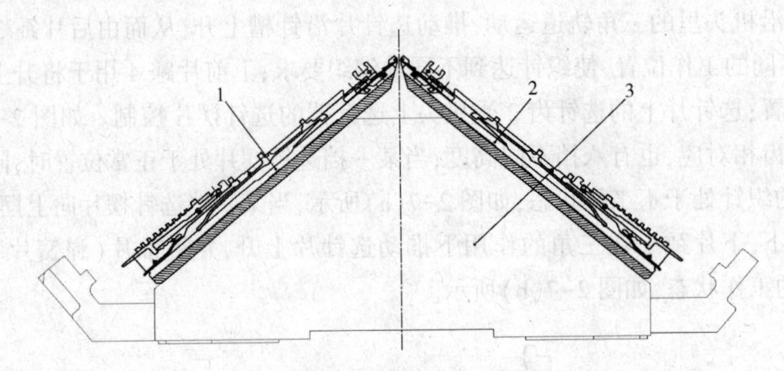

图 2-9 针床配置侧视图

1—前针床 2—后针床 3—机座

(3)织针、选针机件及针床的配置:图 2-10 为成圈与选针机件在针床 5 上的配置关系。在同一针槽中,同时排列着织针 1、挺针片 2、推片 3、选针片 4。其中织针在针槽滑动面上滑动,其尾部有一缺口,与挺针片的头部相连接配合成为一体。挺针片的尾部也在针槽滑动面上滑动。由于挺针片具有一定的弹性,当它的后半部受到外力作用时,其片踵即沉入针槽内,从而使织针退出工作。推片位于挺针片后端上部,它的片踵可处于 A、B、H 三个位置,并受机头上压片的控制,以达到织针在同一横列中成圈、集圈、不编织三种状态。

(4)成圈系统:成圈系统主要由两个编织系统 S_1 和 S_2、两个移圈系统 T_1 和 T_2、四个选针系统 C_1、C_2、C_3 和 C_4 组成。

2. 选针与编织原理

(1)选针工作原理:在电脑横机的整个工作过程中,选针工作是关键。该机通过两次选针

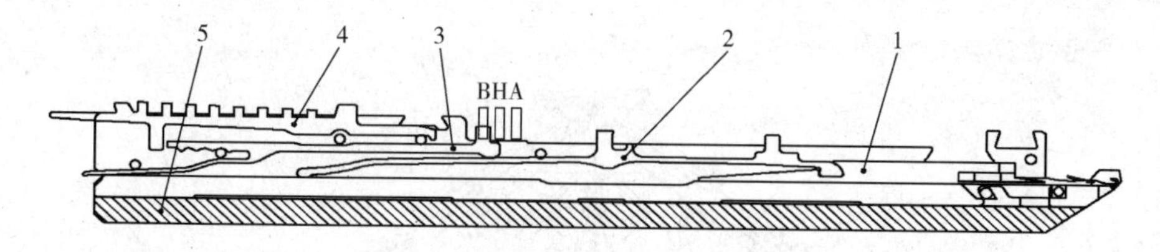

图 2-10　成圈与选针机件配置图

1—织针　2—挺针片　3—推片　4—选针片　5—针床

实现三功位编织的功能。由于两个系统只采用 4 套选针器,因此,前一编织行程需要为下一编织行程进行预选针。

(2)编织工作原理:电脑横机能使织针在一个横列内达到编织、集圈和不编织三种工作状态。这三种工作状态是根据每枚织针对应的推片所处的位置(A、H、B),与不织压片、接圈压片、集圈压片的运动位置配合实现的。在编织过程中,未被选上的选针片所对应的推片处于 B 位置,相应的织针不参加编织;只经过一次选针(预选)的选针片所对应的推片处于 H 位置,相对应的织针参加集圈或接圈;经过两次选针的选针片所对应的推片处于 A 位置,相应的织针参加成圈或移圈。因此,电脑横机具有以下几种编织状态:不织,成圈,集圈,既成圈又集圈,移圈,接圈,既移圈又接圈(前后对翻)。

3. 传动机构

主传动机构的作用是带动机头运行配合选针与成圈机件进行编织动作。主传动机构由一个伺服电动机驱动,经过两级同步带轮传动,再由同步带驱动机头做横向往复移动。机头空载最高运行速度为 1.2m/s,传动机构示意图如图 2-11 所示。

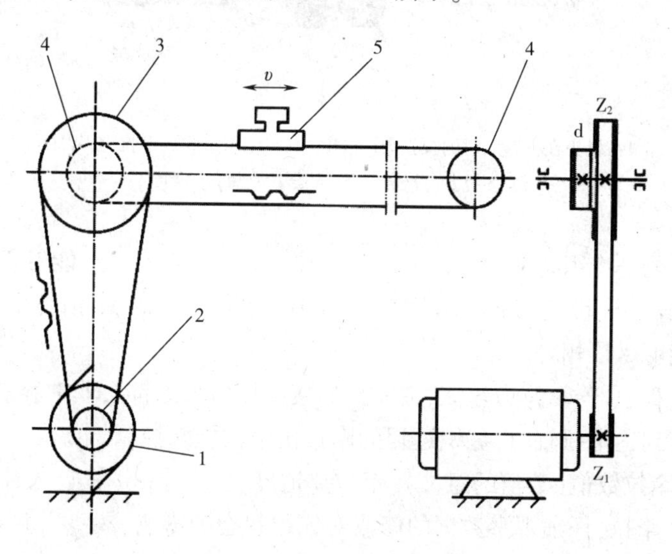

图 2-11　主传动机构示意图

1—伺服电动机　2—电动机带轮　3—减速带轮　4—驱动带轮　5—机头

4. 牵拉机构

牵拉机构由上牵拉机构(皮罗拉机构)和下牵拉机构组成。其结构如图 2-12(a)所示。

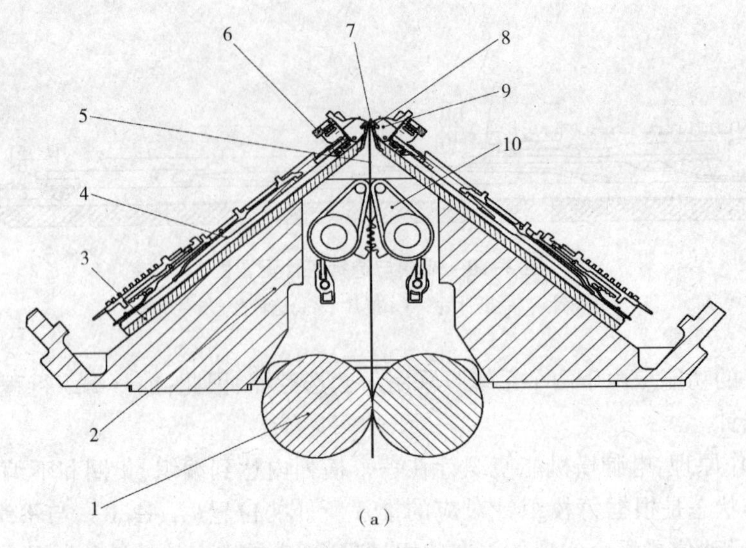

(a)

1—下牵拉机构 2—针床基座 3—针床 4—针床插片 5—织物 6—沉降片床
7—织针 8—齿片 9—沉降片 10—上牵拉机构

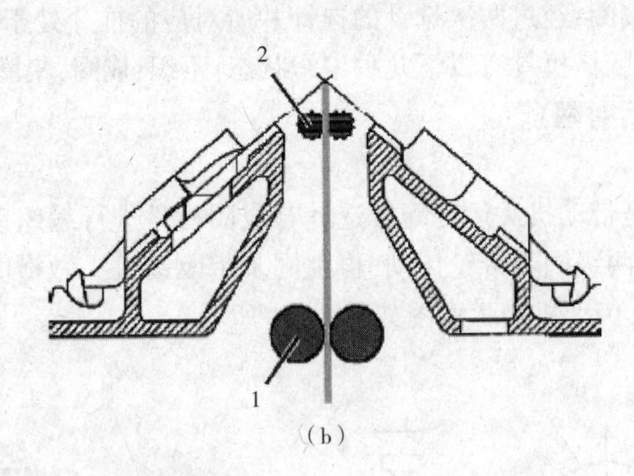

(b)

1—机头在折返点时的预张力(WMI) 2—编织过程的牵拉力(WM)

图 2-12 上牵拉和下牵拉机构示意图

牵拉的主要功能是将织物从编织区域中引出来,并保证编织工艺能够正常进行;只要保证能够顺利编织,一般情况下,牵拉的作用力应该偏小。牵拉的要求是:沿整个编织宽度作用的每个线圈的作用力能够尽量相等。

在实际编织过程中,若牵拉力较大,主罗拉的接触压力过大都会非常容易磨损牵拉辊。

在织物还没有到达牵拉辊时,编织过程的牵拉由牵拉梳来控制。

(1)如何修改牵拉数值(数值的意义),牵拉要适度。

(2)修改密度、牵拉,仔细观察数据的修改对编织状态的影响。

5. 起底板机构

(1)起底板升降机构:起底板升降机构如图 2-13 所示。力矩电动机 2 通过主动链轮 4 驱动从动链轮 7 使推进轴 1 旋转,经驱动带轮 5 驱动和同步带 6 在竖直方向做直线运动,从而由同步带 6 带动起底板 14 做上升或下降的动作。

(2)起底板出针机构:起底板出针机构如图 2-14 所示。步进电动机 1 驱动凸轮 3 旋转,通

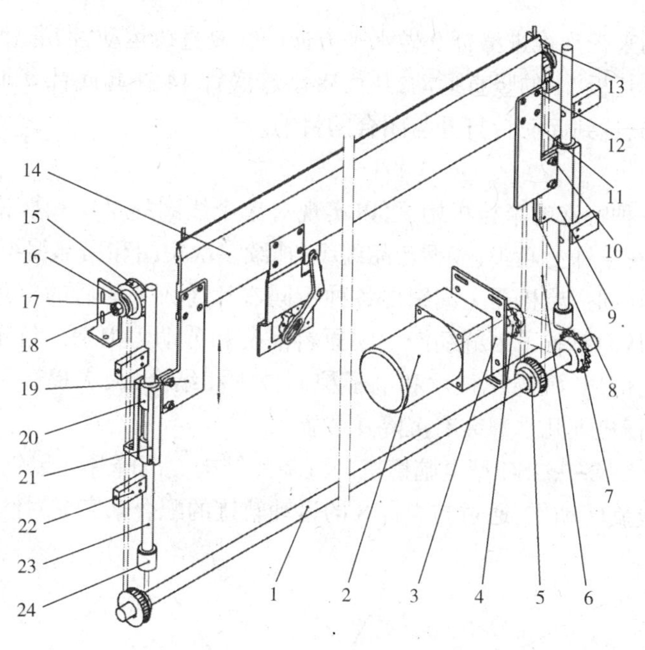

图 2-13 起底板升降机构

1—推进轴 2—电动机 3—电动机连接板 4—主动链轮 5—驱动带轮 6—同步带 7—从动链轮 8—同步带夹 9—右升降滑座 10—螺钉 11—右升降板 12—螺钉 13—右带轮板 14—起底板 15—从动带轮 16—左带轮板 17—螺母 18—皮带轮轴 19—左升降板 20—直线轴承 21—左升降滑座 22—支承块 23—升降滑杆 24—缓冲橡胶

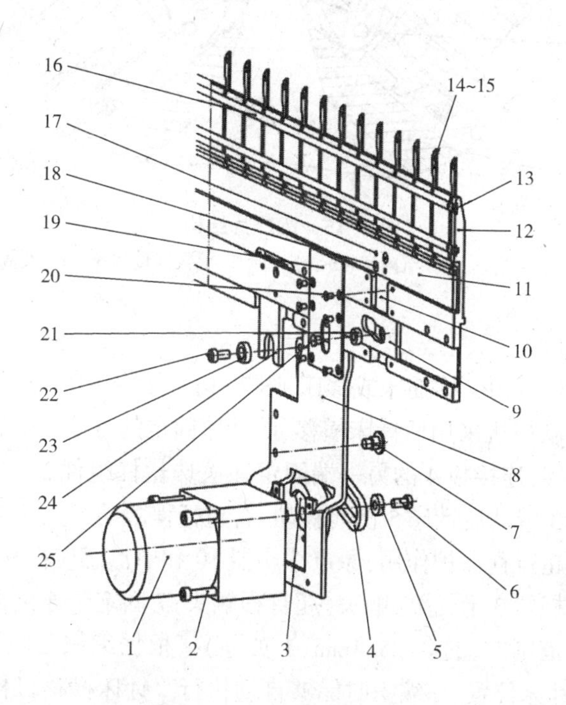

图 2-14 起底板出针机构

1—电动机 2—螺钉 3—推进凸轮 4—推进摇杆 5—轴承 6—螺钉 7—轴位螺钉 8—电动机连接板 9—推进滑杆 10—上下滑块 11—起底针托板 12—起底板 13—螺钉 14—起底针 15—起底针套 16—压条 17—销 18—螺钉 19—压板 20—螺钉 21—轴承 22—螺钉 23—轴承 24—推进片 25—轴承小轴

过推进摇杆4的摆动来带动推进滑杆9做水平方向的往复直线运动,推进滑杆9的台阶槽将水平运动转换为起底针托板11的竖直运动,从而带动起底针14在起底针套15的针槽内做竖直方向的往复直线运动,达到起底针打开与闭合的目的。

6. 沉降片结构

沉降片装置是一种特殊的牵拉机构,可以实现对单个线圈的牵拉和握持,且可以作用在成圈的整个过程中,对在空针上起头、成型产品编织、连续多次集圈和局部编织十分有效。基于这种牵拉技术,还可以在同一台机器上编织出各种不同衣片连成一体后的整片衣片,有的甚至能够编织出整件服装,从而节省了因缝纫产生的原料浪费和劳动力浪费。近年来,由于电子控制技术在横机上的广泛应用,沉降片技术和电子控制技术相结合,大大提高了横机的编织能力。目前,国内外的电脑横机上几乎都装有沉降片装置。

图2-15所示为LXC-252SC型电脑横机的沉降片结构。沉降片4以钢丝3为支点在沉降片床5的槽内作往复旋转动作,通过与织针8的运动轨迹的配合来完成对线圈7的牵拉作用。

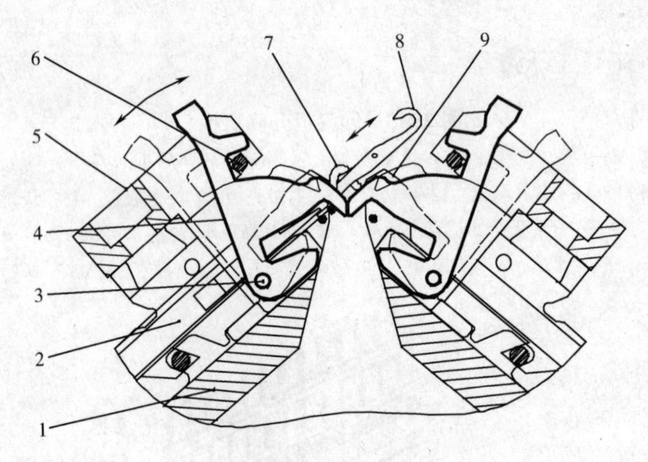

图2-15 沉降片结构

1—针床 2—针床插片 3—钢丝 4—沉降片 5—沉降片床 6—限位钢丝 7—线圈 8—织针 9—齿片

7. 针床横移机构

电脑横机的针床横移机构又称摇床或移床,图2-16是LXC-252SC型电脑横机的针床横移机构, LXC-252SC型电脑横机采用后针床横移、前针床固定的方式。后针床5与连接板4的一端用内六角螺钉和销连接,连接板4的另一端固定在滚珠丝杠组件3上,伺服电动机2通过同步带1驱动滚珠丝杠组3带动后针床5横向移动,右超行程微动开关6、左超行程微动开关8和超行程触头7起到针床超行程保护作用,原点感应器10和原点感应板9定位针床的起始位置,感应板9固装于滚珠丝杠组3上,感应触头(超行程触头)7固定于连接板4上。

针床横移机构移动范围左、右各25.4mm(1英寸)。根据编织工艺要求,在编制编织程序(打板)时,给定相应的针床位置,在编织时能够自动执行。针床横移机构采用伺服电动机和滚珠丝杠传动,传动精度高,定位准确。在进行移圈(翻针)时,针床横移机构可以使用"反振"功能。所谓"反振",就是针床移动超过所需位置的一定距离(例如1/2针距,超过的距离值可在编程中设定),再返回到所需位置。使用"反振"功能,可以适当地扩大线圈,使移圈更容易编织。

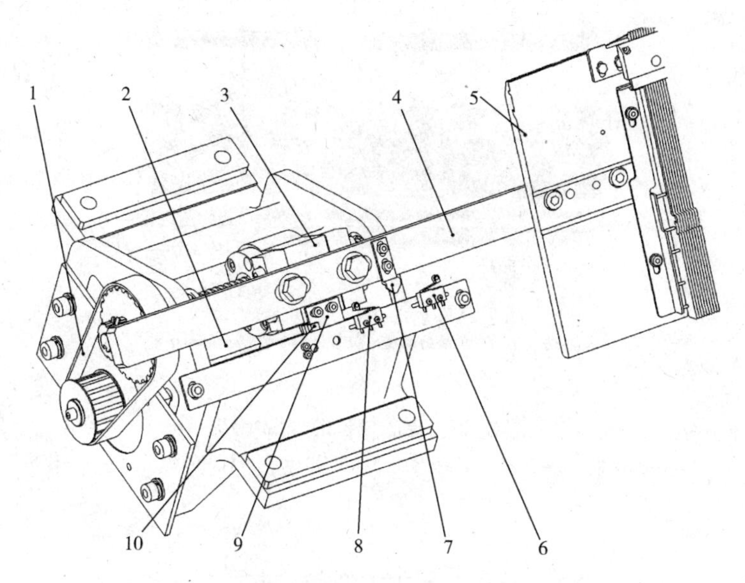

图 2-16　针床横移机构

1—同步带　2—伺服电动机　3—滚珠丝杠组件　4—连接板　5—针板　6—右超行程微动开关　7—超行程触头　8—左超行程微动开关　9—原点感应板　10—原点感应器

8. 给纱机构

给纱装置包括纱架、张力盘、挑线簧、输线辊、导纱器以及各种自停装置等。纱线的张力控制对于产品的质量控制是非常重要的。由于电脑横机不能进行积极送纱,所以各种电脑横机都在控制送纱张力方面做了很多工作,以求稳定纱线张力,保证线圈长度的均匀,最大限度地降低衣片坯长不匀率。

给纱机构由上给纱装置(电子张力器台)、辅助送纱器、侧给纱装置(侧张力器组件)、导纱器轨道(天杠、纱杠)、导纱器(纱嘴)组件、换梭(换色)组件组成。

9. 检测自停装置

为了保证编织的正常进行和织物的质量,从而减轻操作员的劳动强度,在电脑横机上设计和安装了一些检测自停装置。当编织时检测到坏针、断纱、粗纱结等故障时,这些装置向控制系统发出停机信号并接通故障信号灯和发生报警声,机器立即停止运转。

LXC-252SC 型电脑横机安装的检测自停装置有:坏针、断纱、粗纱结、撞针、缠绕(倒卷布)、摇床超行程、沉降片位置不当等自停装置。

二、单级选针电脑横机的结构

德国斯托尔(STOLL)公司的 CMS 系列电脑横机采用的是单级选针方式。图 2-17 为这种电脑横机的外观结构。

(一)编织与选针机构

1. 舌针、沉降片与选针机件

图 2-18 为 CMS 系列电脑横机一个针床的截面图,它反映出舌针与选针机件间的配置关系。各元件及作用如下。

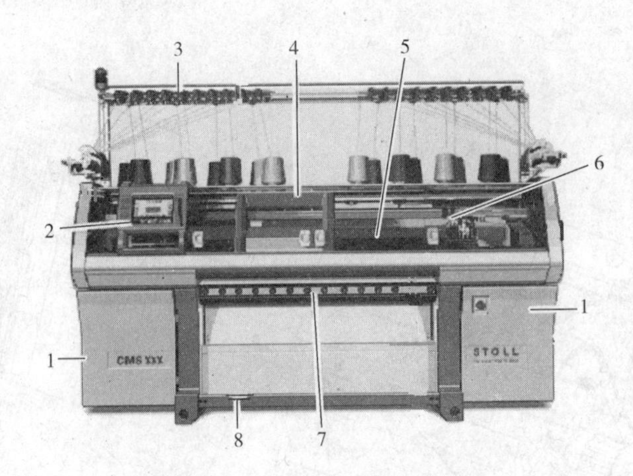

图 2-17 电脑横机的外观结构

1—控制机构 2—操作面板 3—纱架 4—机头 5—针床 6—梭杠和导纱器 7—牵拉机构 8—机架

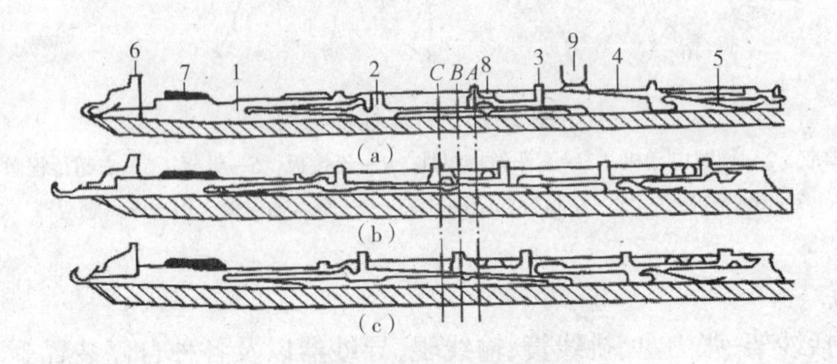

图 2-18 舌针与选针机件的配置

(1)织针与手动横机一样,电脑横机主要采用舌针作为织针。为了便于在前后针床进行移圈,除了普通舌针的特点之外,电脑横机所采用的舌针还带有一个扩圈片,在移圈时,一个针床上的织针可以插到另一个针床织针的扩圈片中。在针槽中,织针 1 由塞铁 7 压住,以免编织时受牵位力作用使针从针槽中翘出,它由挺针片 2 推动上升或下降。

(2)挺针片:挺针片 2 和织针 1 嵌在一起。挺针片的片杆有一定的弹性,当挺针片不受压时,片踵伸出针槽,可以沿着机头中的三角轨道运动并推动织针上升或下降;当挺针片受压时,片踵进入到针槽里边,不能与三角作用,其上的织针就不能上升或下降。

(3)中间片(又称压片):中间片 3 位于挺针片 2 之上,当它的上片踵与三角系统中的压条作用时,中间片向下压向挺针片,使挺针片片踵进入针槽,离开三角的作用;当它的上片踵不受压时,下面的挺针片片踵就会向外翘出,与三角作用。

(4)选针片:选针片 4 直接受电磁选针器 9 作用。当选针器 9 有磁性时,选针片被吸住,选针片不会沿三角上升,其上方的中间片在压条 8 的作用下将挺针片压入针槽,织针保持不工作状态;当选针器无磁时,和选针片 4 镶嵌在一起的压簧 5 使选针片 4 的下片踵向外翘出,选针片在相应的三角作用下向上运动,推动中间片向上运动,使其突出部位脱离压条 8 的作用,它下面的挺针片 2 被释压,挺针片片踵向外翘出,可以与三角作用,推动织针工作,如图 2-18 所示。在每次选针之前,所有的挺针片都被压入针槽,处于图 2-18(a)所示的状态,只有在机头运行中被选上的针的挺针片处于图 2-18(b)所示的状态。

(5)沉降片:图2-18中6为沉降片,它配置在两枚织针中间,位于针床的齿口部分的沉降片槽中。两个针床上的沉降片相对排列,由机头中的沉降片三角控制沉降片片踵使沉降片前后摆动。

2. 三角系统

电脑横机的机头内可安装一个至多个编织系统,现在最多可有六个系统。机头也可以分开成为两个(如一个四系统机头可分为两个二系统机头)或合并为一个,当分开时,可同时编织两片独立的衣片。下面介绍一下与上述选针机件相对应的德国斯托尔CMS系列电脑横机三角系统的结构及其编织与选针原理。

图2-19为该系列横机一个成圈系统的三角结构平面图。

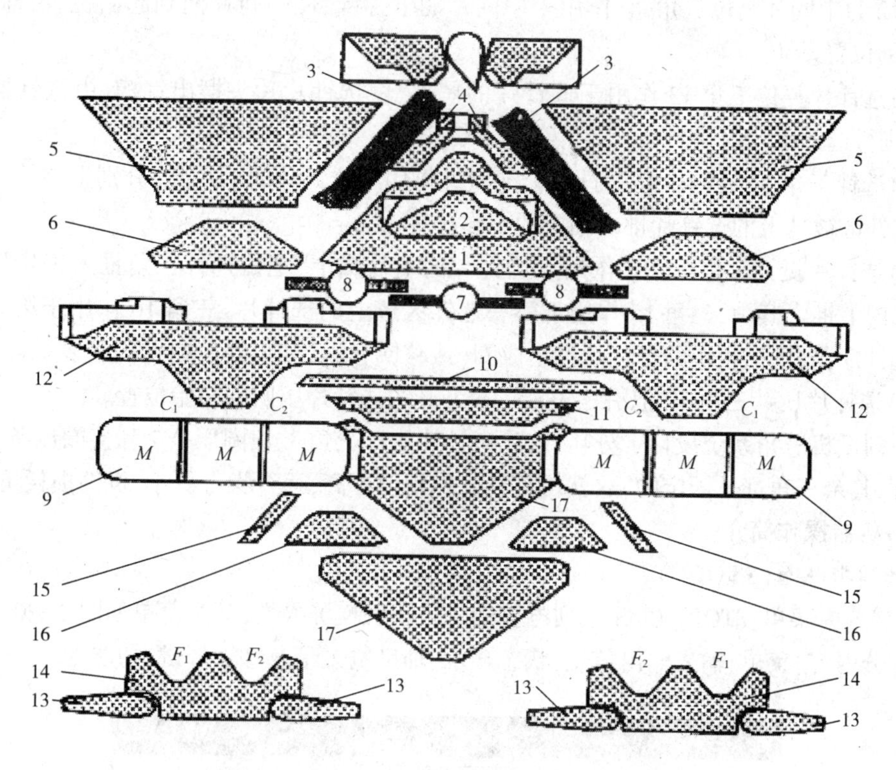

图2-19　CMS电脑横机三角系统平面结构图

1—挺针片起针三角　2—接圈三角　3—压针三角　4—导向三角　5—上护针三角　6—下护针三角
7—集圈压条　8—接圈压条　9—选针器　10、11—中间片走针三角　12—中间片复位三角
13—选针片复位三角　14—选针三角　15、16—选针片挺针三角　17—选针片压针三角

(1)1为挺针片起针三角,被选上的挺针片可沿其上升到集圈高度或成圈高度。

(2)接圈三角2和起针三角1同属一个整体,它可使被选上的挺针片沿其上升到接圈高度。

(3)挺针片压针三角,除起压针作用外,还起移圈三角的作用,要移圈的针的挺针片在移圈时沿其上平面上升到移圈高度。它可以通过步进电动机在程序的控制下进行无级调节以得到合适的弯纱深度。

(4)挺针片的导向三角4起导向和收针作用。

(5)上、下护针三角5、6起护针作用。移圈时,上护针三角还起压针作用。

(6)集圈压条7和接圈压条8是作为一体的活动件,可上、下移动,用于与中间片的上片踵作用,分别在集圈位置或接圈位置将中间片压下去,从而使挺针片和织针退出工作,进行集圈或接圈。

(7)选针器9由握持区M和选针区C_1、C_2组成,它们都是永久磁铁,但在选针区可通过电信号的有无使其有磁和消磁。选针前先由握持区M吸住选针片的片头,如图2-18(a)所示,当选针区移动到选针片片头位置时,如果选针区没有被消磁,选针片头仍然被握持,织针没有被选上,不工作;如果选针区被消磁,选针片头被释放,相应的织针就被选上[图2-18(b)]。

(8)中间片走针三角10、11形成中间片下片踵的三个针道,当中间片的下片踵沿三角10的上平面运行时,织针可处于成圈或移圈位置;当中间片的下片踵在三角10和11之间通过时,织针处于集圈或接圈位置;如果织针始终处于不工作位置,则中间片的下片踵就在三角11的下面通过。

(9)12为中间片复位三角,它作用于中间片的下片踵,使中间片回到起始位置,即图2-18(a)所示的位置。

(10)选针片复位三角13作用于选针片的尾部,使选针片片头摆出针槽,由选针器9握持住,以便进行选针。

(11)选针三角14有两个起针斜面F_1和F_2,作用于选针片的下片踵,分别把在第一选针区和第二选针区被选上的选针片推入相应的工作位置。

(12)选针片挺针三角15、16作用于选针片的上片踵上,把由选针三角推入工作位置的选针片继续向上推。其中,三角15作用于第一选针区选上的选针片,三角16作用于第二选针区选上的选针片,分别把相应的挺针片推至成圈(或移圈)位置和集圈(或接圈)位置。

(13)选针片压针三角17把沿三角15、16上升的选针片压回到初始位置。

该系列横机三角系统设计十分巧妙,除挺针片压针三角3、集圈压条7和接圈压条8可以上下移动外,其余三角都是固定的,这就使机器工作精度更高,运行噪音更小,机件损耗更小。

(二)机器操作简介

1. 德国斯托尔(STOLL)

(1)屏幕主菜单:STOLL CMS系列电脑横机采用触摸屏操作,其主菜单如图2-20所示。它包括三部分内容:菜单、输入输出信息,状态显示、辅助输入信息和选择键,功能键。

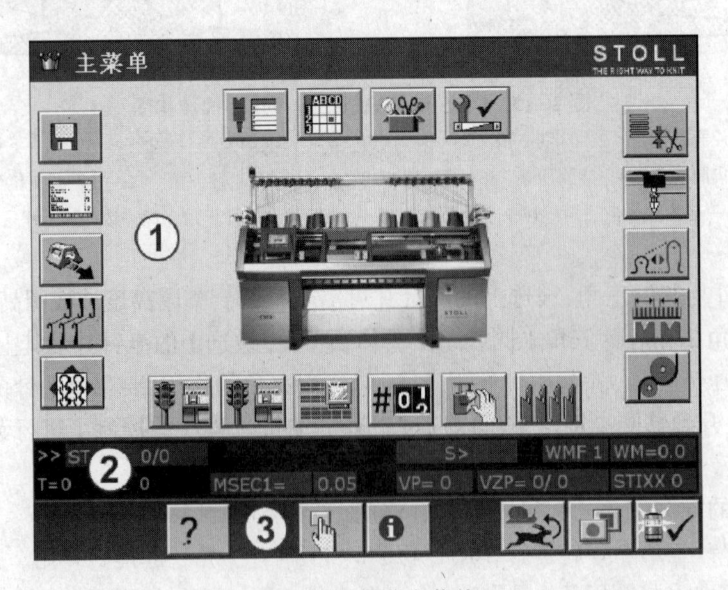

图2-20 屏幕主菜单

(2)主要按钮功能介绍:菜单输入信息和主要功能按钮的功能如表 2-1 所示。

表 2-1　菜单输入信息和主要按钮功能

按钮	功能(主菜单)	按钮	功能(主菜单)	按钮	功能(标准)
	读入/保存数据		编辑编织程序		机速
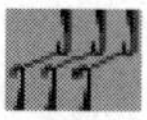	横移菜单		设置花型		启动程序
	停止机器		可更改的监测		循环和计数器
	手动输入	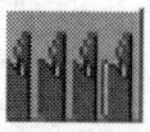	牵拉梳	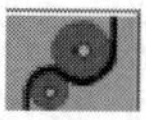	织物牵拉
	SEN 区域		线圈密度		导纱器
	特型夹纱装置		维修		机器设置
	订单	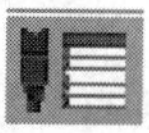	顺序编织		确认输入
	切换至主菜单		切换回上一页		切换至下一页
	调出帮助信息		调出/输入直接指令行窗口		最新消息和信息列表
	快速转慢速,减至设置机速的 70%		恢复至设置机速		切换到附加功能键(切换键)
	确认故障解除		撤销更改且恢复最后保存值		撤销更改。显示上一值
	打开模拟键盘		关闭模拟键盘		位置开关

(3)故障信息:每当机器出现故障时,故障的信息便会显示在显示屏上。常见的故障信号以图标的形式显示,如图2-21所示。

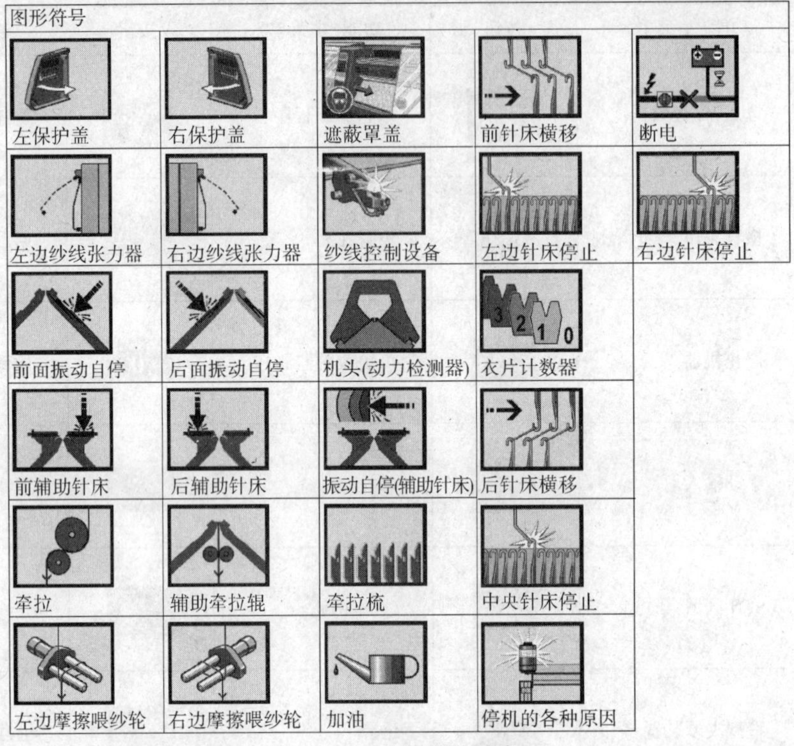

图2-21 故障信息种类

2. 睿能F4000系列电脑横机

(1)屏幕主菜单:睿能F4000系列电脑横机采用触摸屏操作,其主菜单如图2-22所示。它包括公司信息,功能菜单,状态和版本信息等内容。

图2-22 屏幕主菜单

(2)主要按钮功能介绍:菜单输入信息和主要功能按钮的功能如表2-2所示。

表2-2　菜单输入信息和主要按钮功能

按钮	功能(主菜单)	按钮	功能(主菜单)	按钮	功能(标准)
编织花样	编织所选定花样	程序编辑	编辑编织程序	花样编辑	编辑花样选针
文件管理	对花样文件及参数的管理,如读取、保存、删除等	系统参数	设置系统参数,如针种、针距等参数	工作参数	工作参数是关系到电脑机工作的参数,如起始针位置,传感器灵敏度
机头测试	测试机头机构	主机测试	对主机各信号测试	关机	关闭

第三节　电脑横机调机

一、开机

当机器正确接上电源后,按下启动开关,会听到三声"嘟"的声音,然后进入机器内存自检画面,正常的话将进入主画面。

二、磁盘管理

按下磁盘作业按键时,会进入磁盘作业菜单。

(1)列磁盘目录:列出磁盘上所有的文件;

(2)动作文件输入到内存:将CNT文件输入到内存;

(3)花板文件输入到内存:将PAT文件输入到内存;

(4)内存动作文件输入到磁盘:将内存中的CNT文件复制到磁盘;

(5)内存花板文件输入到磁盘:将内存中的PAT文件复制到磁盘;

(6)格式化磁盘:将磁盘格式化;

(7)磁盘文件删除:将磁盘中的某一个文件删除;

(8)字库文件输入到内存:当系统升级后,需将新的字库文件输入到内存;

(9)8位厂标照片输入到内存:将PIC文件输入到内存,可以更改屏幕显示。

三、内存管理

(1)内存花样选择:选择所用的花板文件,按下C键还可以进行机器的复制。

(2)内存程式编辑:可以查看和编辑每一页程式,当进入程式编辑画面后,可以对等行号、色代号、编织指令等进入修改。机器画面也会有相应的提示。按下F2后可以进行跳行编辑,F3为返回首行,F4为最后一行,F5用于纱嘴交换(一系统和二系统交换)F6纱嘴替换,可以随意替换纱嘴。

(3)内存花样编辑:进入此画面后,可以清楚地看到花样的组织,同时可以简单地修改。功能键F1用于跳行。

(4)删除花样:删除指定的花样,输入内存号即可上下键选择"是"与"否"。

(5)总清花样:按下此键,系统会有警示提示,如果按下"确定"将删除内存所有花样,即刷新内存,所有花板文件将丢失。

四、设置机器辅助功能

1. 设定机器系统参数①

按下此键会有密码提示输入显示,输入密码"1618"即可进入系统参数设定菜单。

(1)针零位:设定读针的起始位置以及针距和机器总针数,(设定此项参数前,应先将同步带齿距校正),具体操作是先将机器左边对准第1枚针即可,然后按下F1就可设定针零位。

(2)左系统纱嘴右行零位:将左系统任意带上1把纱嘴,然后用手推到第一枚针的位置(右行),按下F1即可确定。

(3)左系统纱嘴左行零位:将左系统任意带上1把纱嘴,然后用手推到第一枚针的位置(左行),按下F1即可确定。

(4)右系统纱嘴右行零位:将右系统任意带上1把纱嘴,然后用手推到第一枚针的位置(右行),按下F1即可确定。

(5)右系统纱嘴左行零位:将右系统任意带上1把纱嘴,然后用手推到第一枚针的位置(左行),按下F1即可确定。

(6)机头左限位:将机头推到左边限位开关处,按下F1即可确定。

(7)机头右限位:将机头推到右边限位开关处,按下F1即可确定。

(8)横机1英寸针数:设置机器的针距。

(9)选针器右行补偿:当机器右行有乱针现象时,请补偿此参数,每次补偿的范围在0.2左右。机器高速乱针时,减小此参数,机器低速乱针时,增大此参数。

(10)选针器左行补偿:当机器左行有乱针现象时,请补偿此参数。每次补偿的范围在0.2左右,机器高速乱针时,增大此参数,机器低速乱针时,减小此参数。

2. 设定机器系统参数②

(1)纱嘴停放修正值:设定机器高速和低速时纱嘴停放的位置(1~14)。

(2)电磁铁高压:用于调整各种电磁铁的通电时间,一般不需要调整。

(3)选针器高压:设定选针器刀片工作时的电流,一般调在3,太大有可能烧坏选针器(1~9)。

(4)选针器低压:此项不用调。

(5)度目马达复位速度:设定此项参数可以调整度目马达在复位时速度。数字越大,马达复位速度就越快(1~10)。

(6)度目马达最高复位速度:设定此项参数可调整度目马达在工作时的速度,数字越大,马达复位速度就越快(1~10)。

(7)同步带齿距校正:用于修正同步带的长短以及带轮的误差。先将机器复位,然后用于将机头推到第一枚插片的位置。进入此项按下回车键,屏幕下方显示出这个位置,按下1号键确定左边,然后将机头推到右边最后1枚插片的位置。按下2号键确定右边,最后按3号键得出它们的结果,回车键确认即可。

(8)横机总针数:设定机器的总针数。

(9)生克是否有效:此项一般设为“是”。

(10)单面度目零位修正:用于微调度目马达的位置。

3. 设定机器参数③

(1)四平度目零位修正:用于微调度目马达的位置。

(2)摇床位置修正:调整摇床每摇一针的位置。

(3)摇床翻针位置修正:调整摇床翻针时的位置。

(4)系统参数读入电子盘:将所有的系统参数存入到电子盘中(无用)。

(5)从电子盘读出系统参数:当机器的系统参数发生意外丢失时,可以将存在电子盘中的参数读出来。

(6)系统参数写入到磁盘:将所有的系统参数存入到磁盘中,以备后用。

(7)从磁盘读出系统参数:当系统参数发生意外丢失时,可以将存在磁盘中的参数读出来。扩展名 SYS。

(8)工作参数写入到磁盘:将正在使用的花型文件的工作参数复制到磁盘(扩展名 . wok)。

(9)从磁盘读出工作参数:可以将磁盘中的工作参数复制到正在使用的任何花型文件上。

(10)初始化工作参数:按下回车键,会有密码输入提示,输入“8888”或“9999”回车确认,即可将所有的系统参数和文件参数初始化,此项工作要小心。

4. 设定工作参数①

(1)起始针:设定花型从第几枚针开始编织。

(2)主马达最高速度:设定主马达可以运行的最高速度(0~100)。

(3)主马达限制速度:设定主马达(按下 F3)时的速度(0~60)。

(4)主马达底速:设定主马达慢速时速度(0~40)。

(5)主马达复位速度:设定机器复位时的速度,此项工作不能太快,否则会影响读针(0~20),一般为 10。

(6)主马达最高速度:设定主马达最高速度的百分比(0. 1~0. 2)。

(7)自动归零件数:设定机器做完几件后归零,默认为 10 件。

(8)机头撞针灵敏度:设定机头在撞针时电脑报警的灵敏度。

(9)主罗拉停止力矩:在机器从编织状态退到停止状态时,主罗拉应保持一定的力矩,默认为 30。

(10)机头回转距:机头出编织区的距离。

5. 设定工作参数②

(1)后针床沉降片翻针位。

(2)后针床沉降片左行位。

(3)后针床沉降片右行位。

(4)前针床沉降片翻针位。

(5)前针床沉降片左行位。

(6)前针床沉降片右行位。

(7)屏幕保护等待时间:设置屏幕保护需要等待的时间。

(8)屏幕保护有效是否:设置是否需要保护。

(9)初始化工作参数:回车确认后,屏幕会有密码提示输入字样,输入“8888”或“9999”回车确认,所有系统和工作参数将全部初始化,在此项操作前一定要备份,防止造成不必要的损失。

五、机头部分测试

进入此项操作画面后,将出现一副与机器三角部分一样的画面:

1. 度目测试

按1#键度目马达应归需,屏幕上的小方框应为红色,5#键屏幕上显示625,同时三角应在屏幕最底下,两项操作出现异常时,屏幕上会有报警提示。

2. 选针器测试

按1~8键分别测试1~8号刀片,按9#键和0#键为全部测试。

3. 三角部分测试

按1~6键分别测试,左接针、吊目、右接针、左二度、右二度、翻针电磁铁。

4. 换色电磁铁测试

将光标移到中间,按1~8键分别测试8个电磁铁。

六、主机输入输出接口测试

当机器无报警或异常报警时,进入此画面可以观看相应的动作是否正常。同时还可以测试各个功能开关部件是否灵敏。如超动手把、倒卷、落布等。机器正常运行时为:主电动机准备信号闭合,摇床电动机准备信号闭合,摇床零位信号闭合,后备电源故障。

七、各功能部件调试

1. 水平校正

机器移动到适当的位置,置入脚碲垫板,调节四个角的高度,调整脚碲垫板上的高度调整螺丝,用水平仪测量,使机器处于水平状态,待确定后,拧紧固定螺丝,防止变位。

2. 电源测量

在电源入口处测量,测量三相电源的电压是否正确和符合机器的规定电源要求;确定后,逐线固定,确定无误后方可通电。

3. 空运转

在机器的电脑上输入基本参数,进行摇床校正、副罗拉校正、编码器校正、选针时间校正、机头原点校正,待上述做好之后进行空运转,空运转时,调整机头左右(空运转的程序是6+6细目无纱线编织),测试1~8号纱嘴,测试不少于48h,目的是让新机器的每个零件得到磨合,针板和导轨上油时间为24h/次。

4. 编织前调整

把机头盖打开,程序为总针数,调整切换器的高度(0.3~0.5mm),切换器的切换头左右吃纱嘴对称,调整毛刷位置,毛刷前后标准为与出针平行而贴在针上,毛刷高度则为吊目(即集圈)高度盖到针头,将所有天线及侧天线调好,纱嘴保持松紧适当,布轮托和主罗拉拉力调整适当(凭经验)。

5. 空线起床

先检查纱嘴使用状况(高度、前后、上下的间隙);检查编幅(开针数的状况);度目;速度;罗拉;副罗拉拉力和开合;纱嘴停放点;检查执行书面速度,其底度目20,副罗拉开合20,侧罗拉拉力77,速度100/40%(全速为100,现在速度为40)。

6. 6+6 细目编织

目的使针路与针板编织融合,使织针在针槽里灵活,并坚持选针情况——有无乱花现象。

7. 量度目(线圈大小)

度目值为50时,30cm纱线编织出9cm织物,使前后床的各个系统测量的度目一样,针号不同的机型数值不一样。

8. 翻针测试

用翻针程序编织翻针测试,看前针床和后针床与各口间是否有时间差,可移动机头上下来调整翻针的时间差。

9. 再次量度目

观察上述动作正确后再次量度目,因为翻针调节移动机头的上下,造成了度目的变动,因此重复步骤7测量度目。

10. 总针校正

用四平目(满针罗纹编织)程序编织测试,看机器喂纱快慢,从织出的布片上比较,调整方法,松开机头上的圆拱螺丝,左右移动机头盒使喂纱平均,使四平目平整。即看是否大小目。

11. 双色总针

选取两种不同颜色的纱线用双系统同时编织四平目,目的是观察两个系统成圈是否有大小目,有大小目时重复步骤8。

12. 起底单纱

两个系统分别使用编织纬平组织,看度目是否有单线,目的是观察吃针吃太多时是否有单线,有则重复9。

13. 6+6 双色提花编织

因翻针测试调整机头上下,总针测试调整了机头左右,造成了选针时间上的变动,故再次做6+6双色提花编织来观察选针时间是否正确,利用电脑的参数校正来改变选针时间,此测试由底速开始,慢慢加速到最高速度120cm/s,如果都无乱花出现则调整完成。

14. 翻针编织吊目

测试翻接针时是否有单线出现,有时则重复步骤6~11,则视吊目有无乱花产生及吊目位置有无吐纱。乱花则调整机器电脑参数,吐纱解决。

第四节　电脑横机编织出针过程

电脑横机编织出针过程如下所示。

1. 清零

机器在编织前首先要注意归零。

2. 编织准备行

机器归零后开始运行两行准备行,从左至右不带纱嘴,此行选针器不工作,三角系统将排列无序的织针,包括选针脚弹簧针等归位到待工作状态。当机头自右侧向左运行机头选针系统最后的两个选针器工作(4#、8#)为第一行正式编织按花板设定的选针进行初选,由下护山(3#)将初选针推至H位。

3. 编织开始

机头开始编织第一行,按花板设定的纱嘴号带上纱嘴此时机头是向右运行4#、8#选针器复选针,选针的形式是由选针器上的电磁铁作用,将不被选针脚压下,(即压到针床槽内)被选中针由1#推针三角将针脚推至A位。此时机头三角有两种工作状态,一是编织状态,即长针的下段针脚沿起针三角(7#)上升至完全退圈(出针3/4)进行成圈编织。另一种是翻针动作,此时编织三角(10#)退出工作,长针的上段针脚沿翻针三角(11#)上升至翻针高度(出针4/4),再由对面接针动作针配合,达到翻针移圈目的。随着机头继续向右运行,先前完成工作的弹簧针脚经清针三角(14#)归到B位待选状态,由随后的第二组选针器(即前板7#,后板3#)进行初选,同样由下护山(3#)推至H位。双系统工作状态,第三组选针器(2#、5#)进行复选针。每行的最后一组选针器即是为下一行初选针。如遇下行为接针或吊目就不再重选。

4. 吊目编织

被选针经初选后由下护山导针三角(3#)推动被选针带弹簧针进H位,此时两边接针压针片不工作,吊目压片处于工作中,弹簧针将长针推进编织轨迹的初段,弹簧针脚及长针脚此时又被度目压片压进针槽,织针此时出针2/4位置,形成吊目编织。

5. 接针

被初选的接针不重选由下护山导针三角(3#)推入H位,此时接针压片(9#)处于工作状态,吊目压片(6#)处于不工作状态,弹簧针脚被压入针槽,长针不出针,随着机头运行到不工作的吊目压片(6#)的位置时,长针针脚弹起进入接针(8#)轨迹(出针1/4),接走翻针上的线圈。

☞ 思考题

1. 常见的电脑横机主要有哪几类?
2. 简述A、H、B三种不同工作位置所对应的编织情况。
3. 两个针床夹角为多大?
4. 双系统电脑横机成圈系统主要由几个编织系统、几个移圈系统、几个选针系统组成?
5. 只经过一次选针(预选)的选针片所对应的推片处于哪个位置?相对应的织针参加什么编织?
6. 起底板升降机构的构成是怎样的?
7. 针床横移机构移动范围左、右多少英寸?
8. 针床横移机构采用伺服电动机的什么传动?
9. “反振”的作用是什么?
10. LXC-252SC型电脑横机安装的检测自停装置有哪些?
11. 简述CMS系列电脑横机的选针原理。
12. 挺针片压针三角除起压针的作用外,还有什么作用?
13. 能够移动的三角有哪些?

第三章　电脑横机的操作与维护

第一节　穿纱线

将纱线经各种中间途径最终穿入纱嘴的整个过程称为穿纱线。其具体过程如下。

一、纱线的放置

将纱线放在置纱台上，使其与天线台的一个导纱环竖直对齐，纱线只有放置在导纱环的正下方，纱线才方便脱圈，否则纱线易被拉断，产生烂片，如图 3-1 所示。

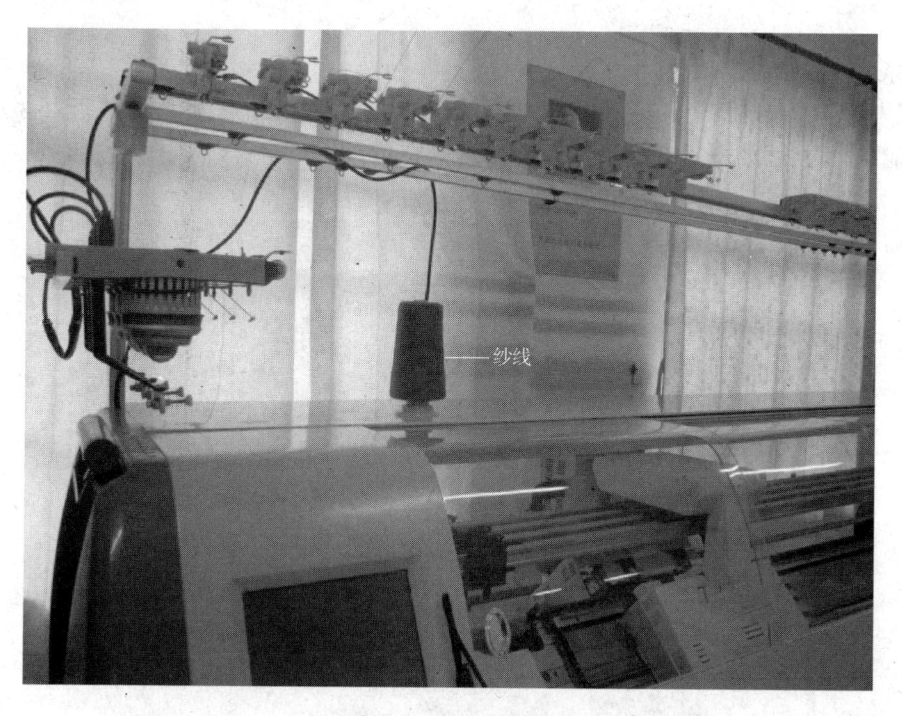

图 3-1　纱线放置图

二、纱线穿过导纱环

穿纱时注意应从导纱环的后面往前穿；也可以把导纱环的弹片压下，把纱线挂上，如图 3-2 所示。

* 注意事项：不要穿反，否则编织时纱线会被拉断。

图 3-2　纱线穿过导纱环

三、穿过纱线张力控制盘

把张力盘盖拉开,把纱线挂在挂钩上即可,然后调节张力盘弹力,使纱线被张力盘夹稳的同时,又不能压力过大,如图 3-3 所示。

图 3-3　纱线穿过控制盘

四、纱线穿过纱结控制开关

纱线由下往上挂入纱结控制开关,然后调节纱结开关,使纱线刚好通过为止。

＊注意事项：

(1)纱结控制开关设置不能太紧,否则正常编织时,纱结控制开关也可能报警。

(2)纱结控制开关设置也不能太松,否则有不合要求的纱结通过时又不能发出报警,如图 3-4 所示。

图 3-4　纱线穿过纱结控制开关

五、纱线穿过绷紧的弹力带小孔

穿纱时应由后往前穿,否则纱线编织时会被拉断,穿完后调节弹力大小,使弹力能够把纱线挑起,又不引发报警即可,如图 3-5 所示。

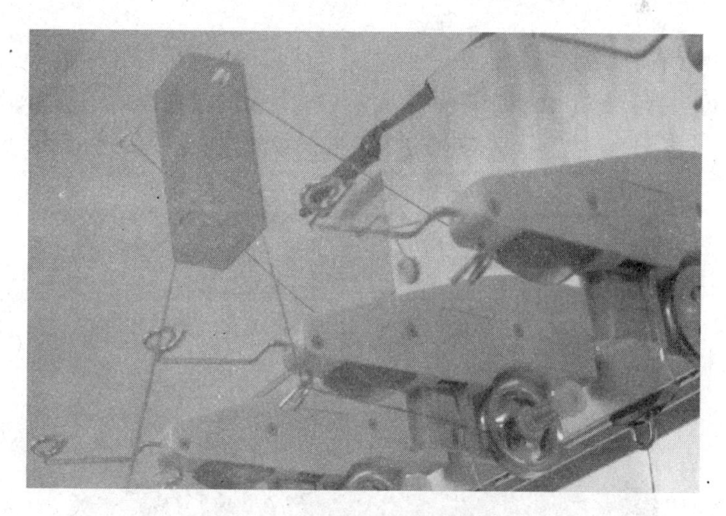

图 3-5　纱线穿过弹力带小孔

六、连接输纱器

连接输纱器,5 针、7 针粗针机可以省去此步,输纱器的作用是减少纱线在编织过程中的张力,穿纱路径如图3-6所示。

*注意事项:

(1)纱线通过导纱孔时基本是直线通过。

(2)还有一个清纱盘,穿纱时,把盘盖打开,把纱线挂入盘中挂钩即可。

(3)在穿纱的过程中,穿过导纱孔的方向不能反向,否则输纱器转动时,纱线会被拉断。

(4)报警开关要通过纱线,否则纱线用完或纱线拉断时,输纱器不会发出报警。

(5)5针、7针等粗针横机,由于纱线较粗,张力较大,可以省去此步骤。

图3-6 纱线穿过输纱器

七、纱线穿过左(右)收线

左(右)收线每边都有三组孔,如图3-7所示,每个孔的号码从前往后依次是:1号、2号、3号、4号、5号、6号、7号、8号。分别对应的纱嘴是1号、2号、3号、4号、5号、6号、7号、8号。

图3-7 纱线穿过左收线

＊注意事项：

(1)穿纱孔与纱嘴号相对应,否则纱线可能相交,影响编织质量,也可能出现纱线在编织过程中被拉断的现象。

(2)穿纱时此处又有一个清纱器,注意别漏穿,它的作用是清洁纱线并固定纱线的线路。

(3)边线弹簧的穿纱孔是从上往下穿,不要穿反,否则编织时纱线会被拉断,如图3-8所示。

(4)纱线要经过夹线盘,减少纱线的振动,从而可以减少漏针等现象的出现。

(5)穿完左(右)收线后,移动弹簧按钮,调节收线弹簧的弹力,使其有适当的弹力即可,弹力太大或太小都可能会出现漏针,弹力太小还会出现烂边现象。

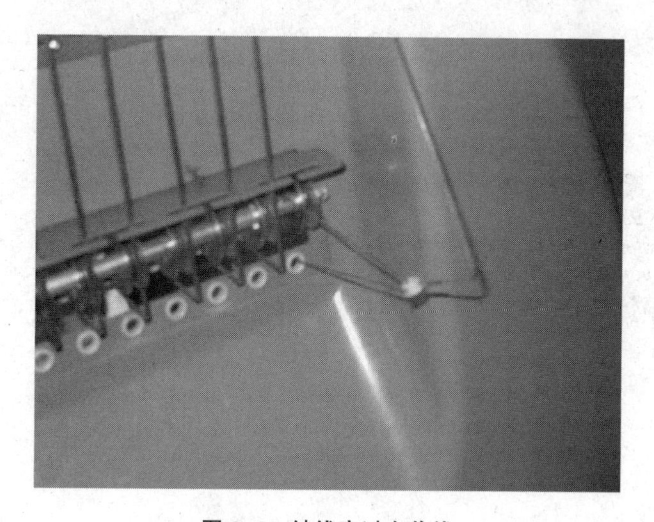

图3-8　纱线穿过左收线

八、纱线穿过导纱孔

此处导纱孔有8组,从外向里分别是:1组、2组、3组、4组、5组、6组、7组、8组,穿纱时导纱孔的组号要与纱嘴号对应,如图3-9所示,否则纱线可能会相交,编织时出现纱线被拉断的现象。

图3-9　纱线穿过导纱孔

九、纱线穿入纱嘴,完成穿线

穿纱嘴耳时,如纱线从左边输入则穿纱嘴的左耳,如纱线是从右边输入则穿纱嘴的右耳,如图3-10所示;穿完纱嘴后固定纱线,没有起底板的横机用编织区域内的织针钩住,有起底板的横机用夹子夹住。

图3-10 纱线穿过纱嘴

注意事项:穿好线纱后要检查一下天线台和左(右)收线是否都有弹力,若没有,则应调节出适当的弹力方可使用,这样就可以避免断纱不报警而造成的麻烦,还可以减少漏针、烂边等现象的出现。另外还要注意纱嘴与纱嘴之间的线纱不能穿成交叉状态,否则编织时纱线会扭在一起,使纱线被拉断。

十、穿纱其他注意事项

1. 纱架的天线与结头爪

纱架的天线与结头爪应依照使用纱种调整,如图3-11所示。张力盘不可过紧,调好张力盘后再调天线弹力,合适的弹力是天线会稍微抬起所穿过的纱线。结头爪可以防止结头织进布匹,减少破洞产生。

2. 天线台

天线台是一个过滤纱线的装置,当纱线有结头或者断了的时候它会发出警报,并停机不运行。防止在机器编织的布片烂孔掉片,同时它还可以调节输送纱线的松紧程度。

3. 输纱器

输纱器是一个纱线中转装置,其功能与天线台大致相同,但它更进一步地对纱线的输送和松紧进行控制,使纱线输送更顺畅并可储存部分经过天线台过滤的纱线以保证在天线台一方突然断纱线时继续供应纱线编织。同时,调整它的供线松紧可直接影响到布片的松紧(即度目)。

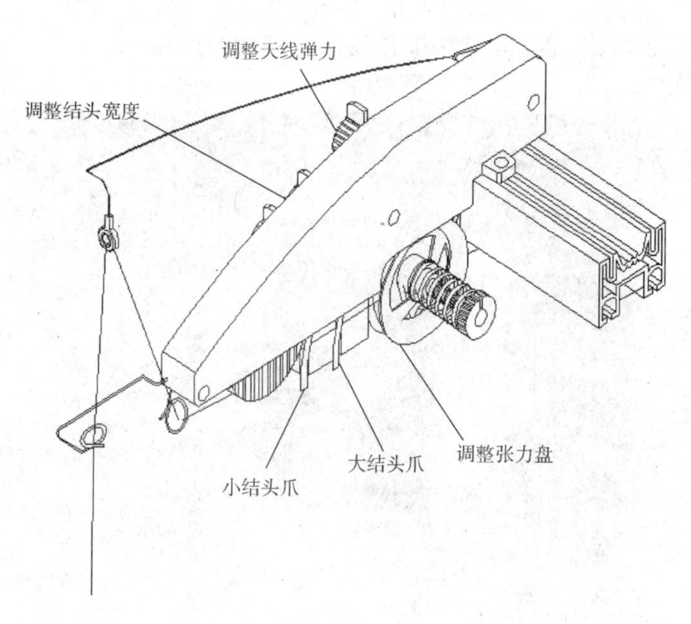

图 3-11 纱线穿过天线台示意图

第二节 开机和关机

一、开机

(1)接通市电,合上电源开关,如图 3-12 所示。

注意事项:应是交流 220V,如电压低于 200V,或高于 230V,要加稳压器。

图 3-12 市电开关

(2)接通电脑横机电路,推上自动保护开关,如图3-13所示。

图3-13　自动保护开关

(3)启动机器内部电源,打开系统,按下绿色按钮,完成开机。

二、关机

(1)在运行界面,如图3-14所示,在机器停止运行后,点击“退出运行界面”按钮,回到主界面。

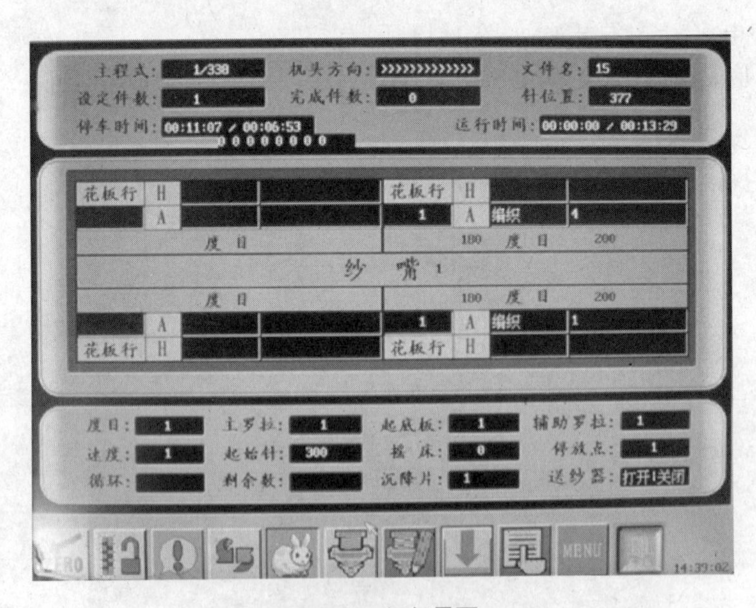

图3-14　运行界面

(2)在主界面,如图3-15所示,点击“关闭电脑”按钮,出现对话框,如图3-16所示,在对话框中选择“确定”。

图 3-15　主界面

（3）按下红色按钮关机，切断机器内部电源，关闭系统。

（4）断开电脑横机电路，拉下自动保护开关，如图 3-16 所示。

图 3-16　自动保护开关

（5）断开市电，拉下电源开关。

第三节　文件管理

文件管理是指对花样文件进行输入、输出、删除、选定工作花样、花样参数等操作。具体操作如下。

一、进入文件管理模块

如图3-15所示,单击主界面“文件管理”图标,则进入文件管理模块。

此时系统会先检查U盘有没有插入。如没有插入U盘,则会出现提示。

二、文件列表

如图3-17所示,左边文件列表框显示的是U盘内容,右边显示的是电脑横机内CF卡的内容,此时文件列表框可以显示花样文件,而自动过滤掉其他类型的文件。花样文件只显示花样的名称,而不显示文件的后缀,构成一个完整花样的几个文件只显示一个花样名称。每个列表框中的当前焦点条目,其名称显示为红色。

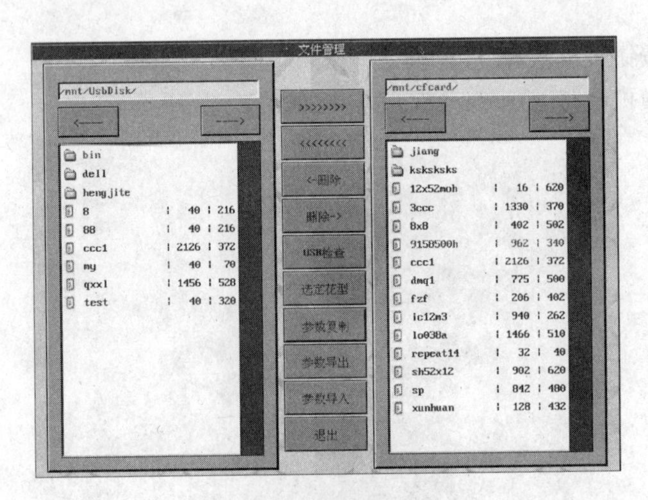

图3-17　文件管理菜单

三、花样文件输入

点击两个文件列表框中间的“>>>>>>>>”按钮,则将左边U盘红色显示的文件复制到右边的CF卡列表框中。

如果此操作是覆盖当前工作花样,则出现如图3-18所示界面,需要用户进行确认。

若选择“确认”覆盖当前工作花样,系统在进入运行状态后可以按照新输入的花样继续编织,注意进行此操作时需要特别谨慎。

四、花样文件输出

点击两个文件列表框中间的“<<<<<<<<”按钮,则将右边CF卡红色显示的文件复制到左

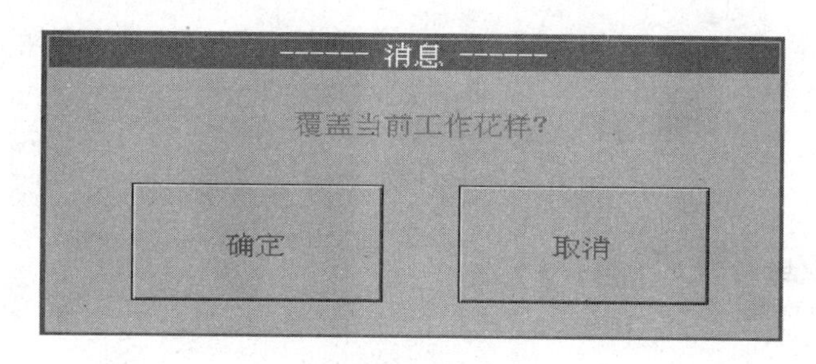

图 3-18　提示照片

边的 U 盘列表框中。

五、删除 U 盘花样文件

点击两个文件列表框中间的“<-删除”按钮,则可将左边 U 盘文件列表框中红色显示的花样文件删除。

六、删除 CF 卡花样文件

点击两个文件列表框中间的“删除->”按钮,则将右边 CF 卡文件列表框中红色显示的花样文件删除掉。注意:不允许删除当前工作花样!

七、检查 U 盘

U 盘如果重新插拔过,则点击两个文件列表框中间的“USB 检查”按钮,如果 U 盘插入正常,则提示“U 盘检测正常!”,并刷新左边的 U 盘文件列表框。否则提示“U 盘检查错误!”

八、选定工作花样

选定 CF 卡上存储的一花样作为当前工作花样,只需点击“选定花样”按钮。如果新选择的工作花样没有自带花样参数,则使用上一花样的参数。

九、参数复制

每个花样都带有自己的参数,包括起始针、工作度目、速度组、罗拉、纱嘴替换、停车力矩等信息。这组参数可以从一个花样复制到另外一个花样。操作方法:点击“参数复制”按钮,此时如果右边 CF 卡文件列表框中的红色焦点条目为花样文件 A,则此花样的上述参数会被系统保存,此时按钮会显示在凹下状态。在此状态下,点击右边 CF 卡文件列表框中的花样文件 B,则刚才保存的花样文件 A 的参数被复制到花样文件 B 中。

十、参数导出

用户如果想将某一花样的参数保存到 U 盘,先将 U 盘插好,然后在右边 CF 卡文件列表框选中要保存参数的花样,点击“参数导出”按钮,则此花样的参数被复制到 U 盘。

十一、参数导入

可以将保存在 U 盘上的花样参数导出到 CF 卡中的某一花样。先将 U 盘插入,然后在右边

CF卡文件列表框选中要导入参数的花样,点击“参数导入”按钮,则保存的参数被导入选中的花样。

十二、退出

退出文件管理模块返回主界面。

第四节　主要参数输入

一、度目设置

度目是控制织片松紧的参数,数字越大,织片越松;数字越小,织片越紧。其输入或更改方法如下。

1. 打开运行界面

在运行界面,如图3-14所示,点击度目后面的方框,出现工作度目设置对话框。

2. 度目设置

在工作度目设置对话框中,如图3-19所示,依据织片要求,输入相应数字,输入完毕,按“退出”键,完成度目输入。注意度目数字的大小与电脑横机的种类和型号有关,与织片的组织结构有关,与编织的动作有关,与所用的纱线有关,度目太小可能会出现漏针现象,使织片手感太硬;度目太大也可能会出现漏针、浮纱等现象。12G慈星电脑横机度目一般设置在150~400。

工作度目设置

	右行使用				左行使用				快捷设置	微调宽度	微调值
	1	3	5	7	2	4	6	8			
1	180	180	180	180	180	180	180	180		0	0
2	200	200	200	200	200	200	200	200		0	0
3	200	200	200	200	200	200	200	200		0	0
4	100	100	100	100	100	100	100	100		0	0
5	230	230	230	230	230	230	230	230		0	0
6	250	250	250	250	250	250	250	250		0	0
7	260	260	260	260	260	260	260	260		0	0
8	240	240	240	240	240	240	240	240		0	0
9	320	320	320	320	320	320	320	320		0	0
10	180	180	180	180	180	180	180	180		0	0
11	180	180	180	180	180	180	180	180		0	0
12	180	180	180	180	180	180	180	180		0	0

翻页　　退出

图3-19　工作度目设置照片

3. 影响度目设定布的因素

织片的密度是织片的松紧度,在一个织片里有不同的编织形式,有罗纹编织、废纱编织、大身组织编织,其中每种编织都有不同的密度要求。比如罗纹编织时起底要紧,编织时要松一点,最后一行接大身的时候要放松，便于翻针。故可以通过设定不同的段里密度来控制布片的松紧。

度目组一共有24段，每一段都有机头里的八个度目三角组成。度目三角由度目马达带动上下滑行达到控制布片密度的目的。八个度目三角在机头的左右系统的前后针床上排列，站在机器的正面，面对机器左边是左边，右边是右边，后针床左边往右数起排第一的是在左系统里的一号密度三角，排第二的是在左系统里的二号密度三角，排第三的是在右系统里的三号密度三角，排第四的是在右系统里的四号密度三角。前针床由左往右排第一的是在左系统里的五号密度三角，排第二的是在左系统里的六号密度三角，排第三的是在右系统里的七号密度三角，排第四的是在右系统里的八号密度三角，如表3-1所示。

表3-1　各系统位置表

左系统		右系统	
1. 后针床	2. 后针床	3. 后针床	4. 后针床
5. 前针床	6. 前针床	7. 前针床	8. 前针床

在机器编织时，左右两个系统都只有在前进方向后边的两个三角工作，比如往右行时左系统只有一号密度三角和五号密度三角在工作，右系统里只有三号密度三角和七号密度三角在工作，其余为不工作。往左行时左系统是二号密度三角和六号密度三角在工作，右系统是四号密度三角和八号密度三角在工作，其余为不工作。具体对应度目组里八个马达分别为右行后一，是一号密度三角，右行后二是三号密度三角。右行前一是五号密度三角，右行前二是七号密度三角。左行后一是二号密度三角，左行后二是四号密度三角，左行前一是六号密度三角，左行前二是八号密度三角，如表3-2所示。

表3-2　右行左行时系统工作三角情况表

	左系统		右系统	
右行	1. 后一 后针床	2. 后针床	3. 后二 后针床	4. 后针床
	5. 前一 前针床	6. 前针床	7. 前二 前针床	8. 前针床
左行	1. 后针床	2. 后一 后针床	3. 后针床	4. 后二 后针床
	5. 前针床	6. 前一 前针床	7. 前针床	8. 前二 前针床

二、机头速度设置

控制机头运动快慢的参数，数字越大，机头运动越快；数字越小，机头运动越慢；速度最大值为120cm/s。其输入或更改方法如下。

(1)在运行界面，如图3-14所示，点击速度后面的方框，出现速度组设定对话框，如图3-20所示。

(2)在速度组设定对话框中，依据织片要求与机器运行特性输入相应数字，输入完毕，按“退出”键，如图3-20所示，完成速度输入。正常编织时以速度80cm/s为宜，具体大小与横机的运行性能有关，与织片的组织结构有关，与横机的编织动作有关，速度太快，容易出现漏针现象,速度太慢又影响经济效益。

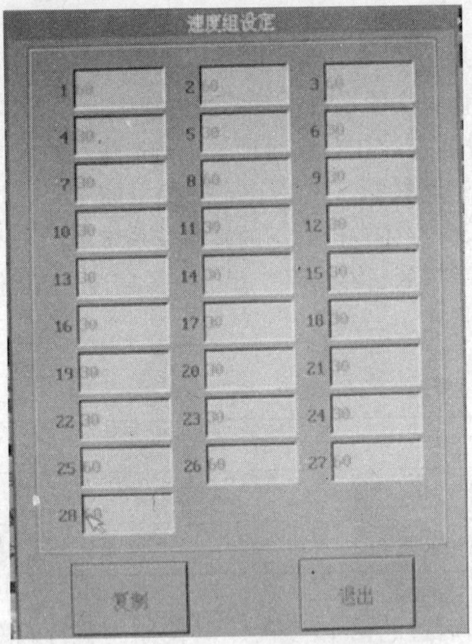

图 3-20　速度设定照片

三、主罗拉设置

机器在编织时,对织片施加一个向下的拉力称为罗拉。其是控制机器拉力大小的参数,数字越大,拉力越大;数字越小,拉力越小。其输入或更改方法如下。

(1)在运行界面,如图 3-14 所示,点击罗拉后面的方框,出现主罗拉设置对话框,如图 3-21 所示。

(2)在主罗拉设置对话框中,依据织片要求,输入相应数字,输入完毕,按“退出”键,如图 3-21 所示,完成主罗拉输入。主罗拉数字的大小与电脑横机的种类和型号有关,与织片的组织结构有关,12G 慈星电脑横机的主罗拉参数一般设置为 20~40 即可;主罗拉太大,可能会出现漏针,甚至烂片,主罗拉太小也可能出现漏针,甚至会出现浮纱。

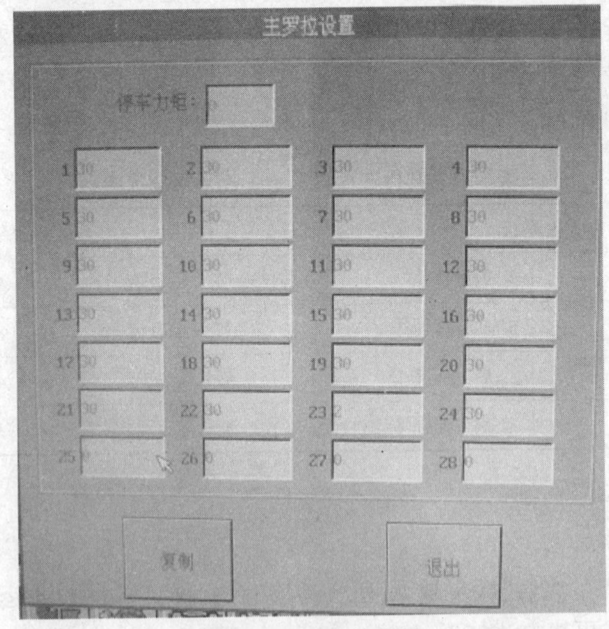

图 3-21　主罗拉设置

(3)罗拉设置注意事项。

①影响主罗拉设定的因素:在一个织片里有不同的段数,要用到不同的密度,也要用到不同的拉力去牵引布片,所以罗拉组有 24 段供人们选择。一般,在翻针时拉力要小,编织时可以大一点。

②辅助罗拉拉力设定：机器共有两个罗拉，主罗拉和辅助罗拉。在新机器里上边是主罗拉，离编织口近。下边是辅助罗拉，辅助罗拉是为了帮助主罗拉将布片拉得更加匀称、整齐而设定的。其调整步骤和主罗拉一样。

③废纱因为要使其自动往下编织，所以度目数值应该小一点即密度紧一点，它一般放在第1段，罗拉拉力应该大一点。这样才能使它更好地往下编织。拆线它主要是方便废纱与衣片可以更好地脱离，所以度目数值要大一点，这样是为了更好地拆线。起底时度目要紧一点，这样才会跟罗纹协调。起底跟罗纹空转做出的密度应该与罗纹编织的密度一样。起底时罗拉拉力要调小一点，防止拉坏布片，罗纹编织时根据工艺要求调整其度目数值，罗拉可以快一点。罗纹最后一转应该将度目数值加大使密度放松，使其度目数值与大身接近。方便接大身时翻针。在翻针时罗拉拉力应该放到最小，度目数值应该放大，或者跟大身度目数值相平。这样翻针时才不会出现漏针的情况。大身应该符合工艺的要求，在试片时可以考虑放松一点，即度目数值放大一点。当完整地编织好以后，再将其调整到符合工艺要求的数值。

④罗纹起底设置；罗纹起底要紧。最好的方法是在度目三角工作时关闭其中的一个使其在零位工作（即将控制该马达的数字值调到最小），这样就能让起底达到最紧的状态。要关闭度目三角首先要明白是哪两个三角在罗纹起底时工作，不管左行、右行，每个系统都只有后面两个三角工作，那么只要明白起底时是哪个系统在工作，然后看它往哪个方向运行就可以知道是哪两个度目三角在工作。比如起底时是右系统工作往左行起底，那么就是4号和8号度目马达在工作，依此类推找到要工作的度目马达，找到要工作的度目马达后接着找到是前针床下片还是后针床下片，因为起底的时候总是要下掉一边的纱，要弄清下前针床或下后针床只要看起底时前、后针床哪个没有挂线圈，前针床没挂线圈就是表示前针床落布，后针床没挂线圈就是表示后针床落布，这时只要关闭落布那一边的马达即可，比如像刚才上面提及起底时右系统工作往左行，首先找到工作马达4号、8号、4号控制后针床，8号控制前针床，如果前针床下片就关闭8号，如果后针床下片就关闭4号，起底起好后紧接着会有几转罗纹空转，罗纹空转也要紧一点，要使做出的空转密度与罗纹的密度匀称。

第五节　纱嘴管理

12G慈星电脑横机共有16把纱嘴，依其在天杆上的初始位置不同，分为左纱嘴和右嘴纱，初始位置在天杆左边的为左纱嘴，初始位置在天杆右边的为右纱嘴，左右各有8把纱嘴。8把纱嘴依其与操作者的远近不同进行区分，与操作者最近的称为1号纱嘴，其次近的为2号纱嘴，再次近的为3号纱嘴，依此类推，分别是4号、5号、6号、7号、8号纱嘴。

一、纱嘴的查找

一个工作花型文件中，查看使用了哪几个纱嘴的方法是：在运行界面中，如图3-14所示，点击“纱嘴”两字的中间位置，弹出一纱嘴初始位置窗口，如图3-22所示。

窗口中的数字，表示该花样文件要使用的纱嘴，如图3-22所示：表示该花样文件中要用到左边的1号纱嘴、3号纱嘴、5号纱嘴。

按“退出”键，回到运行界面。

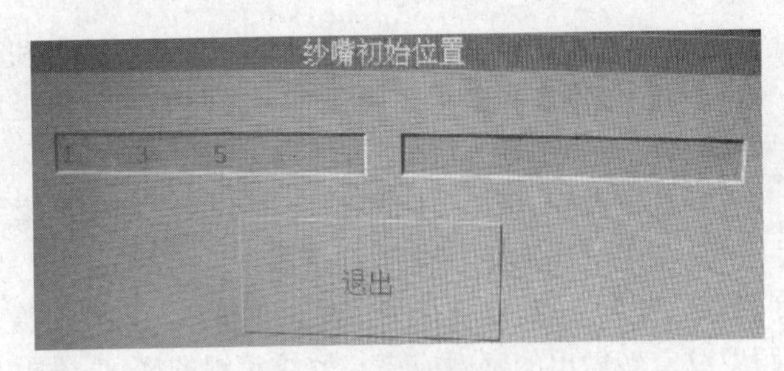

图 3-22 纱嘴初始位置

二、纱嘴的更换

当花样文件的纱嘴设置与横机上已穿好纱线的纱嘴不一致时，如花样文件的纱嘴是左3号，而横机上已穿好纱线的纱嘴是左7号，解决的方法有以下两种。

方法一：是把横机上的左3号纱嘴穿好纱线即可。

方法二：是用横机上的左7号纱嘴置换花样文件的左3号纱嘴，具体做法是：点击运行界面"纱嘴"行内左边空白处，会弹出纱嘴替换窗口，如图3-23所示。

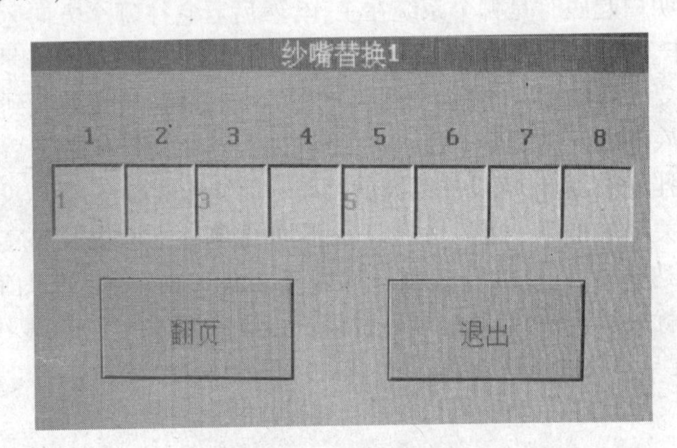

图 3-23 纱嘴替换照片

具体操作方法：如果想把左3号纱嘴用左7号纱嘴去替换，则点击第三个框，框内的内容会在1~8之间循环显示，此时需要显示7的时候点击停止，然后退出即可。

注意事项：不能用正在使用中的纱嘴去替换，否则退出时系统会提示"纱嘴替换错"。

三、纱嘴停放点的设置

纱嘴停放点，是指纱嘴中途停止编织时，停止点距织片边缘的距离，用数字来表示。数字越大，表示离编织物越远；数字越小，表示离编织物越近。其设定方法是：在运行界面，点击"停放点"，弹出纱嘴停放点对话框，如图3-24所示。

在该框里每个纱嘴排列号的后面都有两个方框，左边是控制纱嘴距编织物左边的距离，右边是控制纱嘴距编织物右边的距离。输入完毕，按"退出"键完成设置。此处输入的数字是针数，如左侧输入"9"，表示横机停止编织时，机头如停在左边，它的纱嘴与正在编织的织片相隔"9"个针距。

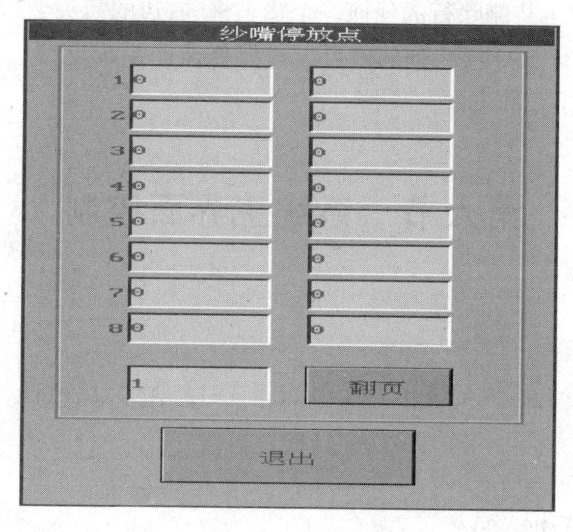

图 3-24　纱嘴停放点

四、循环设定

点击运行画面下面的循环显示区域，弹出循环设置窗口，如图 3-25 所示。其中每一行的三个输入框构成一个循环：开始行、结束行、循环次数。其中开始行号为奇数，结束行号为偶数。循环的排列式按照结束行从小到大的顺序排列。根据实际需要，系统目前设置支持 10 个循环。循环的初始信息在花样文件的 PRM 文件里。

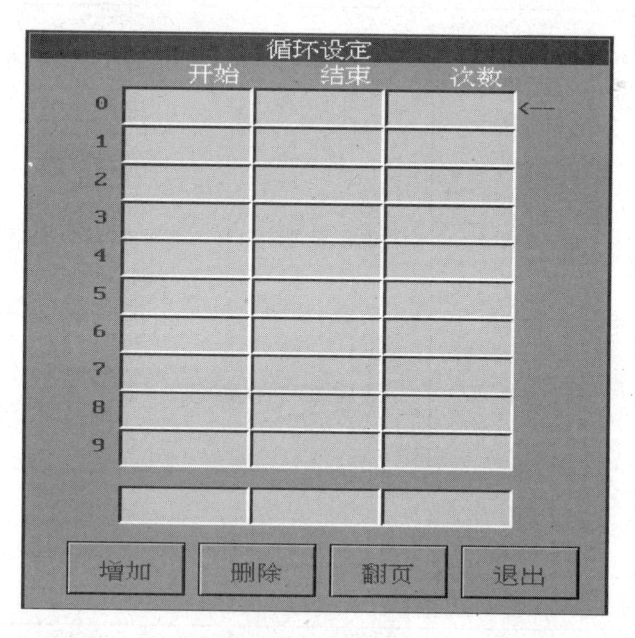

图 3-25　循环设定照片

设置方法：如果要增加一个循环，在最下面一行输入框里分别输入合法的开始行结束行循环次数值，然后点击“增加”按钮，如果输入的循环次数值合法，则新增加的条目会出现在上面的循环表中。删除时,点击待删除行的任何一个输入框,右边的箭头会指向本行,然后按下方的"删除"按钮即可删除本行。"次数"列的值可以直接修改。系统支持二重循环嵌套,循环层次大于2的系统将提示错误。

第六节 系统主界面控制

一、主界面

开机启动后,进入横机控制系统主界面。如图3-15所示,点击任一图标进入相应的功能模块。

二、主界面各个模块功能介绍

主界面各个模块功能列表,如表3-3所示。

表3-3 主界面各功能简介

显示	名称	描述
	文件管理	点击后,进入文件管理界面
	花型管理	点击后,进入花样编辑界面。可以分别对工作花样的CNT和PAT文件进行浏览和编辑
	系统参数	点击后,经过密码(1618)验证进入系统参数设置界面
	工作参数	点击后,进入工作参数设置界面
	机头测试	点击后,进入机头测试界面
	机器测试	点击后,进入机器测试界面,主要测试机器报警信号,指示灯,罗拉

续表

显示	名称	描述
	系统升级	点击后,经密码(1618)验证进入系统升级画面,对系统的软件进行升级
	帮助	点击后,进入帮助界面。可以进行触摸屏位置调整,启动画面设置,以及浏览系统运行过程中记录下来的出错信息
	运行	点击后,进入系统的主运行画面
	关闭电脑	点击后,系统保存当前状态,并退出

第七节 运行界面简介

一、运行主界面简介

在主界面点击“运行”,进入运行界面,如图 3-14 所示。运行界面功能简介如下。

(1)文件名:所要操作文件的名称。

(2)时间:机器所织的织片的时间/机器运行的总时间。

(3)密度(度目)、速度、主罗拉后面的数字为其段数。

(4)摇床:指示摇床操作的位置。

(5)开始行:织片循环开始的行数。

(6)结束行:织片循环结束的行数。

(7)循环数:开始行同结束行的循环的次数。

(8)剩余数:循环所剩余的次数。

(9)起针点:衣片在针板上的起针位置。

二、下排功能按钮简介

下排功能按钮简介,如表 3-4 所示。

表 3-4　下排功能按钮简介

显示	名称	描述
	机器归零	机头归零,选择归零键表示用户要重新开始编织,或者重新选择一个花样。这时就需要启动操纵杆来执行。听到"嘀"的一声时表示归零完毕。这时机器所有的位置都已归到最原始位置即可重新编织
	行锁定	按下它后该按钮变成绿色,机器将循环编织一两行,直到重新按下它,其又变成黄色时为止。一般情况下,行锁定必须锁定到主罗拉完全拉到废纱为止(注意,该功能在使用起底板功能时无效)
	报警打开、关闭	按下此按钮,将屏蔽天线台断纱,卷布不良、落布不良、左收线、右收线、主罗拉卷布报警。当机器运作时,必须使所有的警报装置都处于工作状态,即按键呈绿色
	单片停车	做完一片自动停车
	机器快慢速	点击此按钮,机器在快速/慢速之间切换
	纱嘴上下	按下此按钮将纱嘴提起。纱嘴提起后,禁止拉杆启动
	跳行	点击此按钮后弹出软键盘输入,用户可以输入所要跳转的行号
	罗拉正反转	点击此按钮使测试罗拉反转
	退出运行画面	点击此按钮,退回到主界面。只有机器停止后才可以退出

三、报警显示

系统在运行中出现故障，会在画面的下方显示一红色的状态框，并文字描述报警信息。如前床撞针报警，拉杆启动错、天线台断纱、卷布不良、落布不良、左收线、右收线、主罗拉卷布报警等。用户可以将拉杆旋转至停车挡清除报警消息。

四、设定件数

点击运行画面的“设定件数”显示区域，用户可以输入设定的件数，如 9 件，当到达 9 件数时，系统会自动停下并提示用户“设定件数到”。

第八节　工作参数设定

工作参数设定如图 3-26 所示。

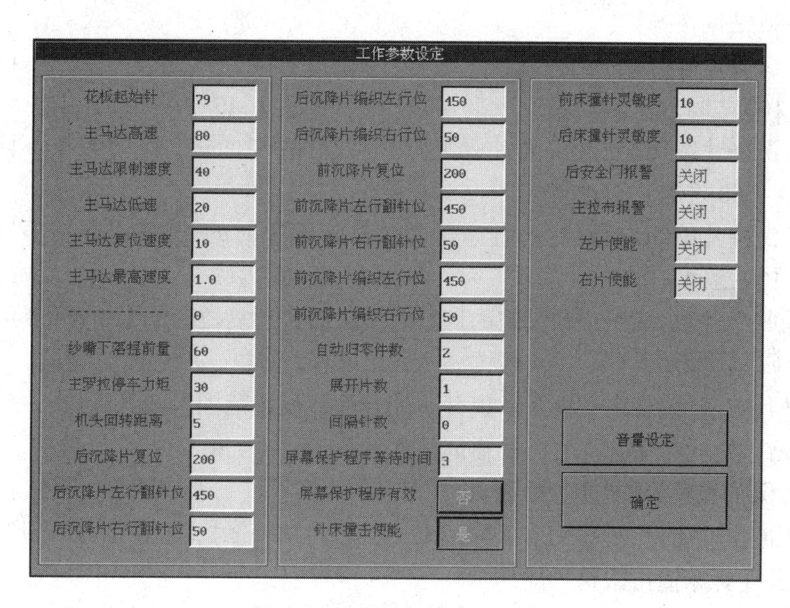

图 3-26　工作参数设定照片

（1）花板起始针：所编织的花型在针床的位置，单位是针。

（2）主马达高速：机头最快速度，范围是 10～120cm/s。机头实际速度不会超过此速度。

（3）主马达限制速度：机器运行时，低速运行时的最大速度，范围 30～60，表示机头最高速度 120cm/s 的百分比。

（4）主马达低速：慢车启动时的最大速度，范围 10～30，表示机头最高速度 120cm/s 的百分比。

（5）主马达复位速度：复位是机头速度，范围 10～30，表示最高速度 120cm/s 的百分比。

（6）主马达最高速度：最高速度可设置为 120cm/s。

（7）纱嘴下落提前量：设置纱嘴提前落下的时间，0～100 范围之间，一般设置为 20 即可。

（8）主罗拉停车力矩：机器停止时，力矩罗拉所保持的力矩，不要设置太大，太大有可能在停车时罗拉打滑,把布拉坏。一般设置为20左右。

(9)机头回转距离:距离越小,织片时间越短,尽可能将此参数调到最小。一般为5最好。

(10)后沉降片复位:后沉降片在复位后的位置,一般在200~250之间。

(11)后沉降片左行翻针位:后针床沉降片左行翻针时的位置,可根据不同织物进行调节,一般在400~500之间。

(12)后沉降片右行翻针位:后针床沉降片右行翻针时的位置,可根据不同织物进行调节,一般在0~100之间。

(13)后沉降片编织左行位:后针床沉降片左行编织时的位置,可根据不同织物进行调节,一般在400~500之间。

(14)后沉降片编织右行位:后针床沉降片右行编织时的位置,可根据不同织物进行调节,一般在0~100之间。

(15)前沉降片复位:前沉降片在复位后的位置,一般在200~250之间。

(16)前沉降片左行翻针位:前针床沉降片左行翻针时的位置,可根据不同织物进行调节,一般在400~500之间。

(17)前床沉降片右行翻针位:前针床沉降片右行翻针时的位置,可根据不同织物进行调节,一般在0~100之间。

(18)前床沉降片编织左行位:前针床沉降片左行编织时的位置,可根据不同织物进行调节,一般在400~500之间。

(19)前床沉降片编织右行位:前针床沉降片右行编织时的位置,可根据不同织物进行调节,一般在0~100之间。

(20)自动归零件数:编织达到设定的件数之后机器自动复位。如果自动归零件数设置成0表示关闭自动归零功能。

(21)展开片数:系统最多支持2片展开。展开片数设置范围1~2。

(22)间隔针数:同时做几片之间的需间隔的针数,最小为30针。

(23)屏幕保护程序等待时间:暂无。

(24)针床撞击使能:点击按钮在“是”和“否”之间切换。“是”表示打开针床撞击报警功能,“否”表示关闭针床撞击报警功能。

(25)前床撞针灵敏度:调整前床撞针传感器的灵敏度,1~10,1为最敏感,10为最不敏感。

(26)后床撞针灵敏度:调整后床撞针传感器的灵敏度,1~10,1为最敏感,10为最不敏感。

(27)后安全门报警:“关闭”表示后安全门没有关闭时不报警,“打开”表示安全门没有关闭时系统自动报警。

(28)主拉布:打开或关闭主罗拉报警功能,此功能为出口用。

(29)左片使能:当同时编织2片时,如果左片出现断纱、坏针等意外情况时,可以关闭此功能,使左片失效,而只编织右片。

(30)右片使能:当同时编织2片时,如果右片出现断纱、坏针等意外情况时,可以关闭此功能,使右片失效,而只编织左片。

第九节 机头与机器测试

一、机头测试

机头测试画面，如图 3-27 所示，左边为一系统，右边为二系统，中间两个文本框代表生克电动机。上半部分代表后床，下半部分代表前床，中间是纱嘴。

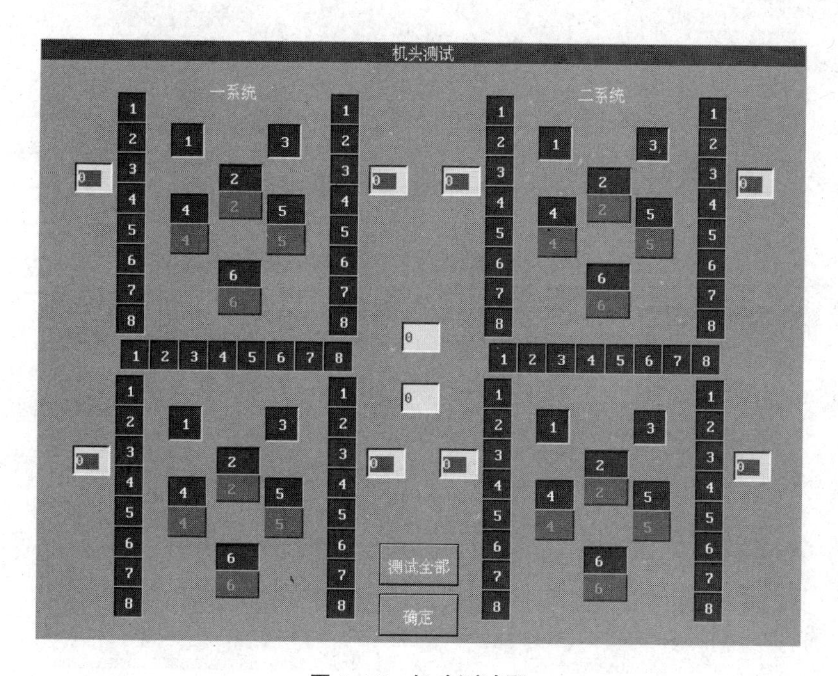

图 3-27 机头测试图

1. 密度马达测试

八个密度马达分别用图 3-27 图中相应位置的八个文本框代表。点击相应的文本框，其数值会在 0~650 之间切换，同时密度马达会根据当前的值转动。如果密度马达过零位，则文本框中的数字值如图 3-27 所示的粉底白字显示，否则以白底粉字显示。

2. 生克马达测试

两个生克马达的测试方法和密度马达测试相同。

3. 三角电磁铁测试

如图 3-27 所示，三角电磁铁显示编号和凹凸状态，点击某一位置，则对应的三角电磁铁会动作。如果对应的三角电磁铁有故障，则相应的框以黄色圈标注，点击“测试全部”按钮，三角电磁铁可以连续跳动。

4. 选针器测试

如图 3-27 所示，选针器显示编号和凹凸状态，点击某一位置，则对应的选针器会动作。如果对应的选针器有故障，则相应的框以黄色圈标注，点击“测试全部”按钮，选针器可以连续跳动。

5. 纱嘴测试

如图3-27所示,纱嘴显示编号和凹凸状态,点击某一位置,则对应的纱嘴会动作。如果对应的纱嘴有故障,则相应的框以黄色圈标注,点击“测试全部”按钮,纱嘴可以连续跳动。

二、机器测试

如图3-28所示上半部分的“观察窗口”显示系统输入信号的值。

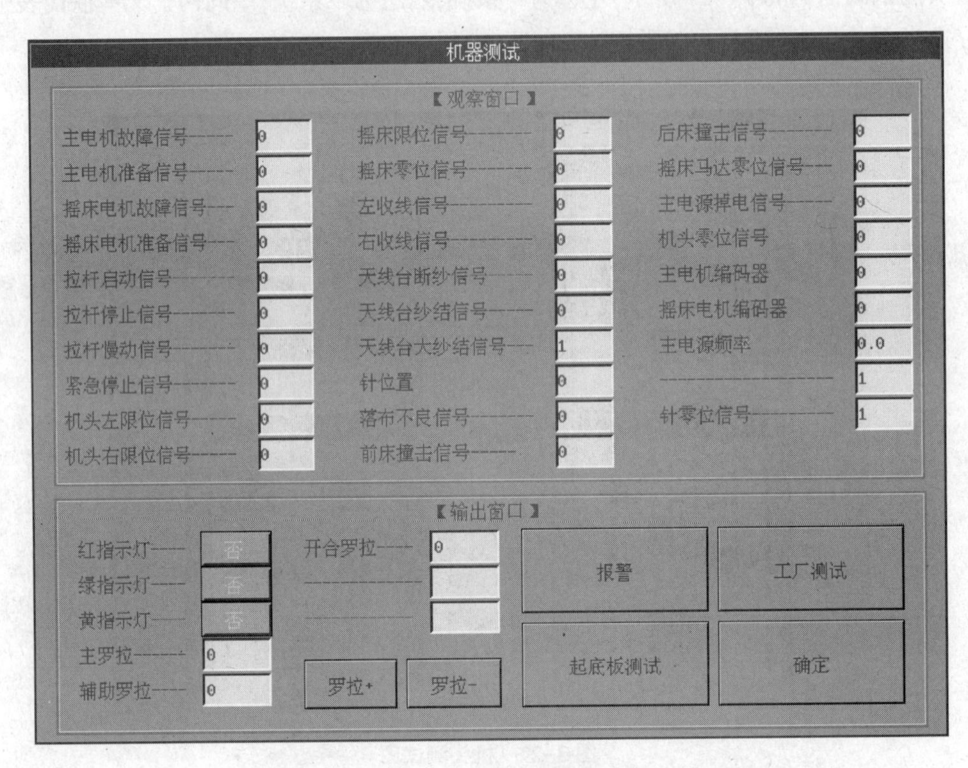

图3-28 机器测试图

主罗拉输入数值1~100,罗拉正转,-1~-100罗拉反转,0,罗拉打开。或者按下按钮“罗拉+”,主罗拉以20的速度正转,放开时罗拉停止。按下按钮“罗拉-”,主罗拉以20的速度反转,放开后罗拉马上停止。

第十节 电脑横机编织实操

一、电脑横机实操步骤

(1)清理机器,把机器上和机器内的杂物、异物清理干净。

(2)检查织针是否完好,并用手推动机头在整个针床上来回运动一次。

(3)开机。

(4)用U盘输入花样文件,如66。

(5)在 CF 卡中选择花样文件 66。

(6)点击“选定花样”,回到主界面。

(7)启动操纵杆,机器归零。

(8)设定机器工作参数:度目、速度、主罗拉、起始针。

(9)检查要用的纱嘴和初始位置。

(10)将要用的纱嘴穿好纱。

(11)将纱嘴停放在适当位置:

①对没有起底板的横机,为编织物两边半寸的位置。

②对有起底板的横机,为初始位置。

(12)将纱嘴纱线固定好:

①对没有起底板的横机,用要编织的左、右两边的织针钩住纱线。

②对有起底板的横机,用夹子夹住,如图 3-29 所示。

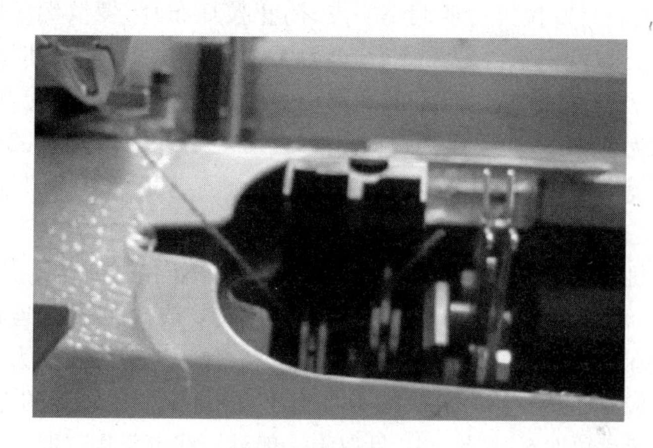

图 3-29　夹子工作

方法是:在运行界面点击图标,如图 3-30 所示。出现窗口,如图 3-31 所示,在其中任选一个夹线即可。选择夹线 1 就是使用靠左边的第一个夹子,选择夹线 2 就是使用靠左边的第二个夹子,选择夹线 3 就是使用靠右边的第一个夹子,选择夹线 4 就是使用靠右边的第二个夹子,选择全部夹线就是使用左右四个夹子同时夹线。

图 3-30　返回按钮

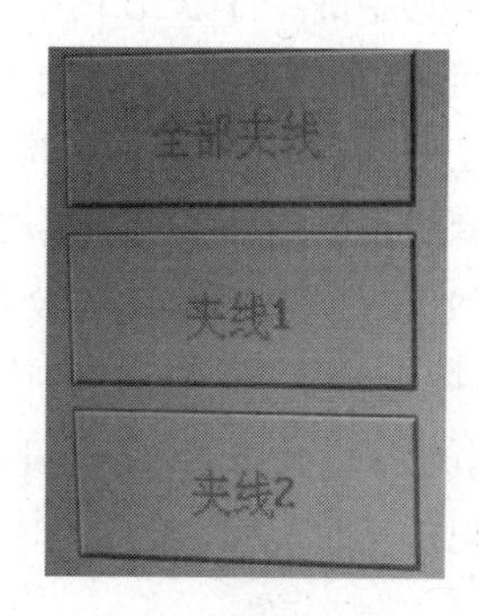

图 3-31　夹子设定

(13)对无起底板的横机,按"下行锁定"按钮,启动操纵杆开始编织废纱,在编织到主罗拉拉到废纱布片时,按"下行锁定"按钮取消行锁定,正式编织布片;对有起底板的横机,直接启动开关即可。

(14)编织完毕,关机。

(15)编织注意事项

①如果事先已知编织工艺图,就可以预先设定好各段的参数,如果未知,可以通过在编织时观察工作画面,从工作画面中获取信息。编织时应注意编织口上布片编织的变化,并根据变化做出相应的调整。一般一块布片由以下几段组成:废纱、拆线、起底、空转、罗纹、罗纹接大身最后一转(粗)、大身。废纱因为要使其自动往下编织,所以度目数值应该小一点,即密度紧一点,它一般放在第12段,罗拉拉力应该大一点。这样才能使它更好地往下编织。拆线它主要是方便废纱与衣片可以更好地脱离,所以度目数值要大一点,这样是为了更好地拆线。起底时度目要紧一点,这样才会跟罗纹协调。起底跟罗纹空转做出的密度应该与罗纹编织的密度一样。起底时罗拉拉力要调小一点,防止拉坏布片,罗纹编织时根据工艺要求调整其度目数值,罗拉可以快一点。罗纹最后一转应该将度目数值加大使密度放松,使其度目数值与大身接近,方便接大身时翻针。在翻针时罗拉拉力应该放到最小,度目数值应该放大,或者跟大身度目数值相平。这样翻针时才不会出现漏针的情况。大身应该符合工艺要求,在试片时可以考虑放松一点,即度目数值放大一点。当完整的编织好以后,再将其调整到符合工艺的要求。

②纱线的选择:机器由于针距针别的不同对纱线也有不同的要求,一般应该选用在该针别的针钩容量范围内的纱线,纱线一般以支数来表示但比较复杂,可以简单地将它们分为纱和线,纱一般指的是那些单股比较粗的纱线,它手感比较柔和、弹力比较好收缩力强的毛线;线是指单股比较细,摸上去比较有质感、有弹力、收缩力都很小,但是韧性比较强的毛线。7针用纱一般用单股3条,用线一般用单股5~6条。12针以上一般纱与线都常用单股1条,通常会把7针以下的针别统称为粗针,12针以上称为细针。细针有很多时候要求夹丝。

③夹丝:夹丝在细针里是很常见的一种编织形式,它编织出的布片正面是纱线,背面是丝,(如单面夹丝),俗称嵌毛。或者布片外面是纱线,里面是丝(如密针四平、罗纹夹丝)。一块合格的夹丝布片的正面或外面不允许有丝上翻(即要求正面和外面看不到丝)。夹丝有专门的纱嘴来达到其目的。机器用的是三孔纱嘴,穿纱时主色(即纱线)穿在翻丝纱嘴正中下面的孔中。丝则穿在上面的其中的一个长形孔中。三孔纱嘴具有夹丝好、易调节的特点。在夹丝布片中翻丝是最常见的问题,翻丝是指丝跑到了纱线的正面或外面。而三孔纱嘴能很好地克服这个问题。翻丝时可以把纱嘴吃线的位置调小一点,纱嘴调高一点。

④罗纹的编织形状与编织摇床位置:罗纹一般有F罗纹、1×1罗纹、2×1罗纹、2×2罗纹、3×1罗纹、3×2罗纹、3×3罗纹、4×3罗纹等。F罗纹也叫空转或密针圆同,它是前后单面编织形成的一个袋,它的摇床位置是针对针的位置。几乘几的罗纹,前面的数字是编织的针数,后面的数字是空针(不织的针)的针数。如2×1罗纹就是2枚针编织,空一枚不织。4×3罗纹就是4枚针编织空3枚不织。

二、电脑横机操作规程

1. 准备工作

(1)根据工艺单的要求到纱库领取纱线,领纱时要核对纱线的品种、色号、批号、重量等,确认无误并检查纱线有无脏污,筒纱成型是否完好。

(2)机器在运行前应先检查机器上各部位元件是否归位,元件是否完整,如八段选针针脚是否高于针板表面,针床上是否有异物等。

(3)启动电脑横机前,用手推动机头来回运动一周,可避免因针床上有异物或织针、针脚等未安装好而引起的事故。

2. 编织操作

领取工艺单→领取原料→穿纱→开机,读取程序→基本参数设置→检查机器各部件是否归位→确认运行→第一片半成品试编织→参数及机器相关部位微调→正式编织衣片→衣片检验

(1)领取工艺单制版,并且选择相应的原料。

(2)穿纱:根据编织要求选择合适的纱嘴并穿好纱线。

警告:所有穿纱过程,应保证机器急停开关处于工作状态,避免误操作造成危险。

穿纱的原则:纱线放在导纱环的正下方,电子张力器台和侧张力器装置调整到最佳状态,主纱选用中间的纱嘴,起底纱和分离纱选用外侧的纱嘴。

以 LXC-252SC 系列机器为例,建议纱线如图 3-32、图 3-33 所示排列,起底纱(专用的橡筋线)穿在左侧第一个电子张力器台上,使用 8 号纱嘴编织,分离纱(封口纱)穿在右侧第一个电子张力器台上,使用 1 号纱嘴编织。

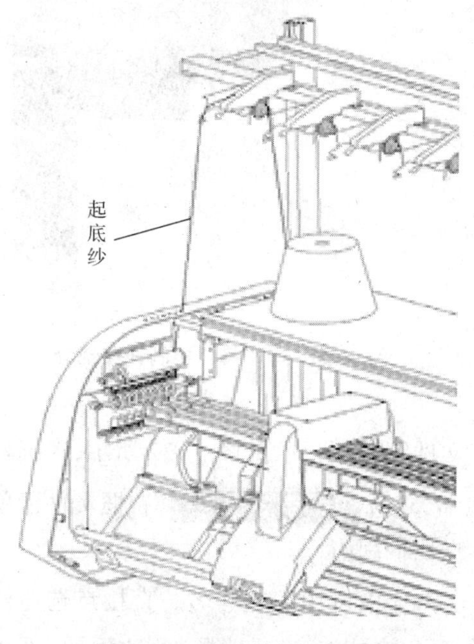

图 3-32　起底纱的穿纱图

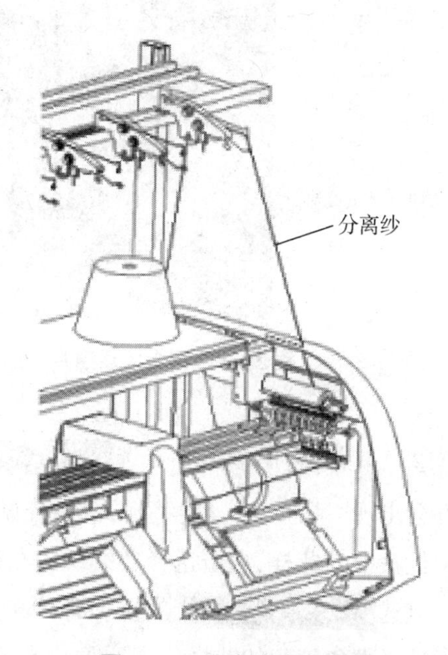

图 3-33　分离纱的穿纱图

①电子张力器台的作用与调试。旋转夹线盘的旋钮应调整至适当位置以控制夹线盘的夹紧力,使纱线能不受阻力的通过,又可以过滤掉纱线上过多的蜡渍和线絮;旋转张力器旋钮应调

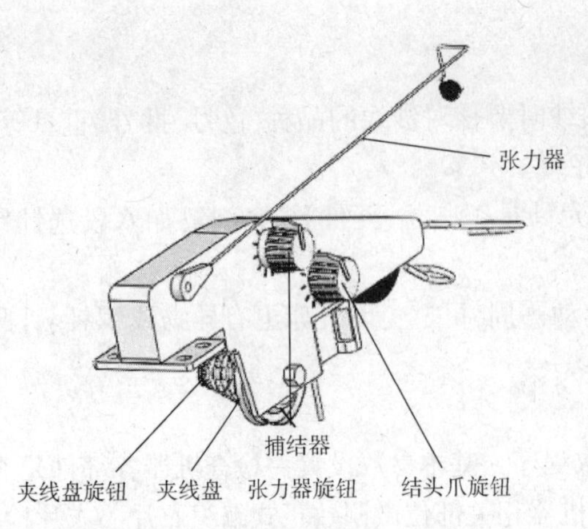

图3-34 电子张力器台示意图

整至适当位置以给纱线一定的张力,以保证断纱之后张力器能够弹起报警;旋转结头爪旋钮用于调整捕结器的空隙大小,使之遇到大的纱结后捕结器能够弹起发出报警信号。

②侧张力器的作用与高度调试。按图3-35所示穿好纱线,调整拉簧按钮使挑线簧具有一定的张力,断纱后挑线簧能自动弹起碰触到侧张力器感侧板,发出侧张力器断纱信号,使机器自动停止。

(3)开机,读取程序。

①开机:打开主电源开关,待主界面显示完全后,按下绿色"启动"按钮给机器伺服系统供电(图3-36)。

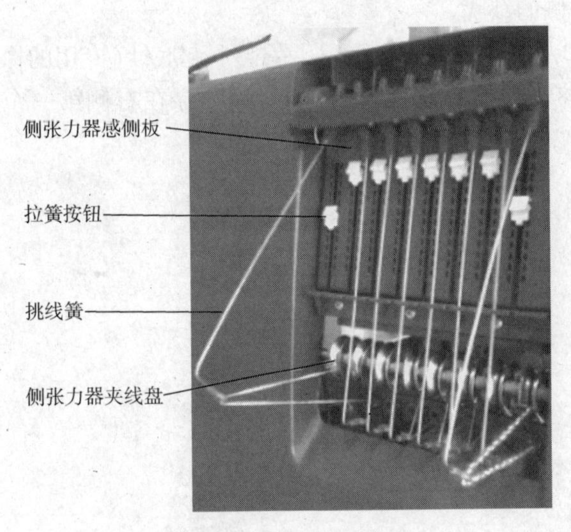

图3-35 侧张力器照片

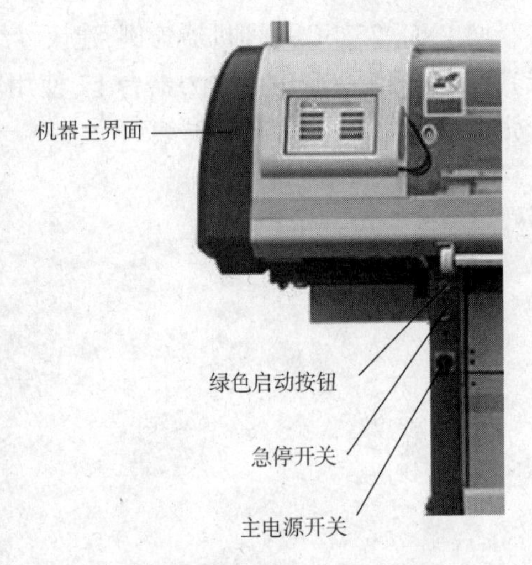

图3-36 电脑横机控制开关部分

②读取花样:用触摸笔点选 文件管理 进入"文件管理"界面,如图3-37所示,在屏幕右下方会出现"请插入U盘"字样,待系统读取到U盘后,点选 优盘花样复制到内存 ,右框文件清单中显示优盘中的花样,点击选择要编织的花样名,将花样拷贝到内存。

点选 选择内存花样 ,右框文件清单中会显示出内存中可用的花样名。直接点选花样名即可选择准备编织的花样。(注:原内存文件编织参数一并导入,确认选择),点"返回"回到主界面选择 编织花样 进入"运行菜单"界面,编辑上机参数。

(4)基本参数设置。在编织花样界面中调整各项相关参数,如图3-38所示。

①起针点:花样进行第一行编织时的出针位置。设置原则为起针点数值必须大于左侧衣片

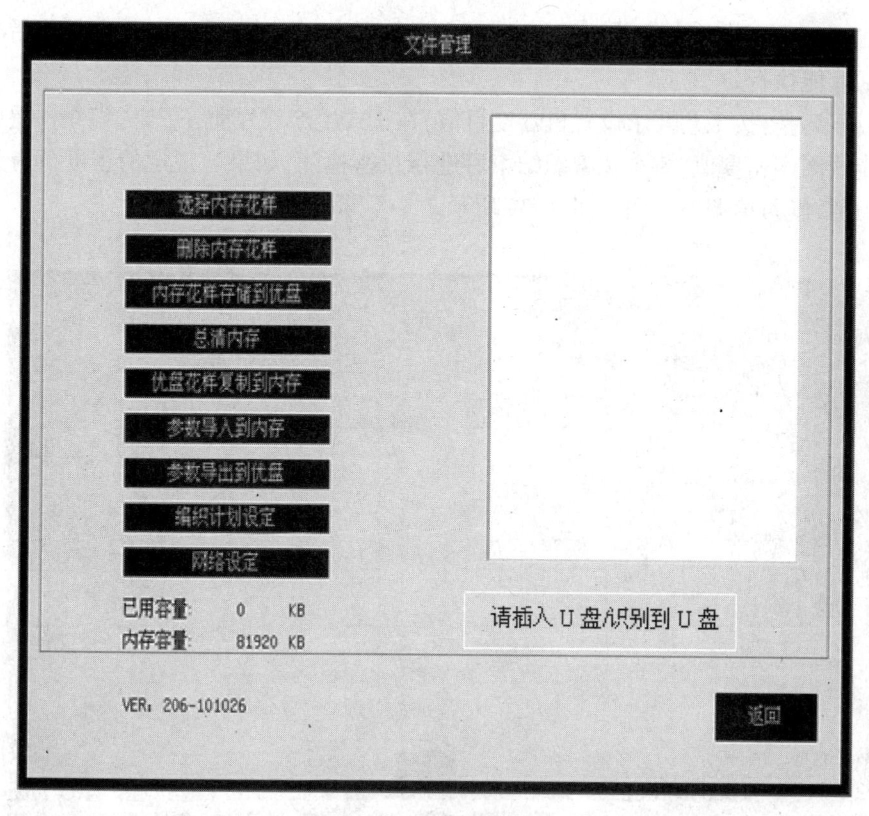

图 3-37　读取程序界面

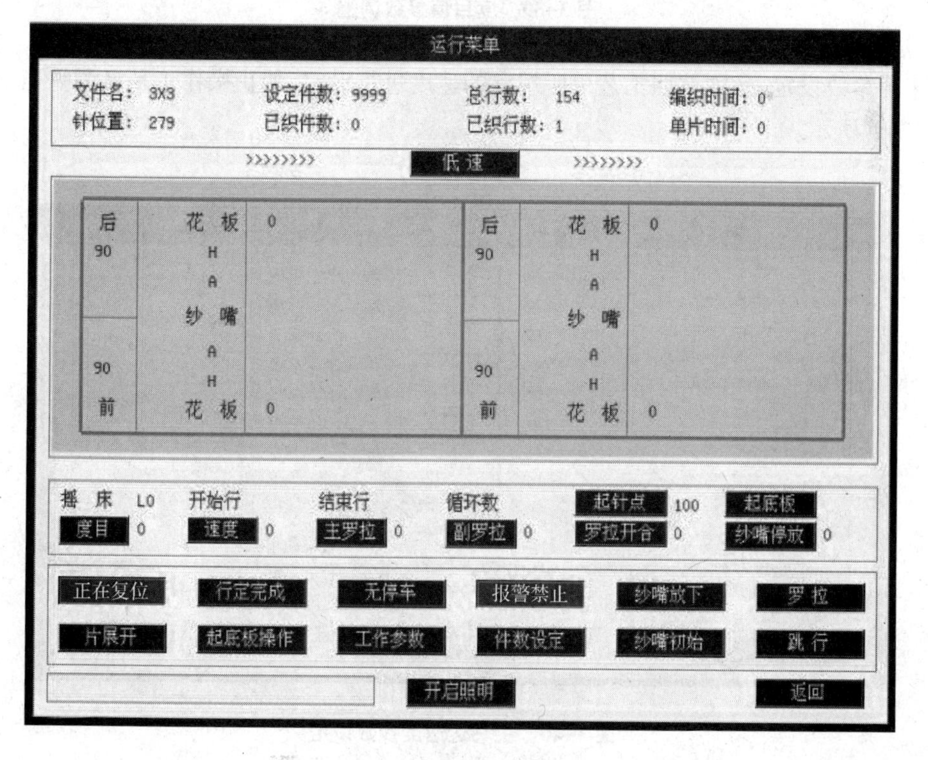

图 3-38　基本参数设置

的加针数,设置不当会出现“位置计算超出限位”的报警,且每次修改完起针点数值后必须先复位将其激活才能执行。

②度目值调整:按工艺要求设置机器度目值,在正式生产衣片前,应该先编织一块同组织的小片来确定线圈的密度值,待小片编织结束后进行拉密检测,如果与规定的密度值有偏差应调整机器度目值,度目值调整参数如图 3-39 所示。

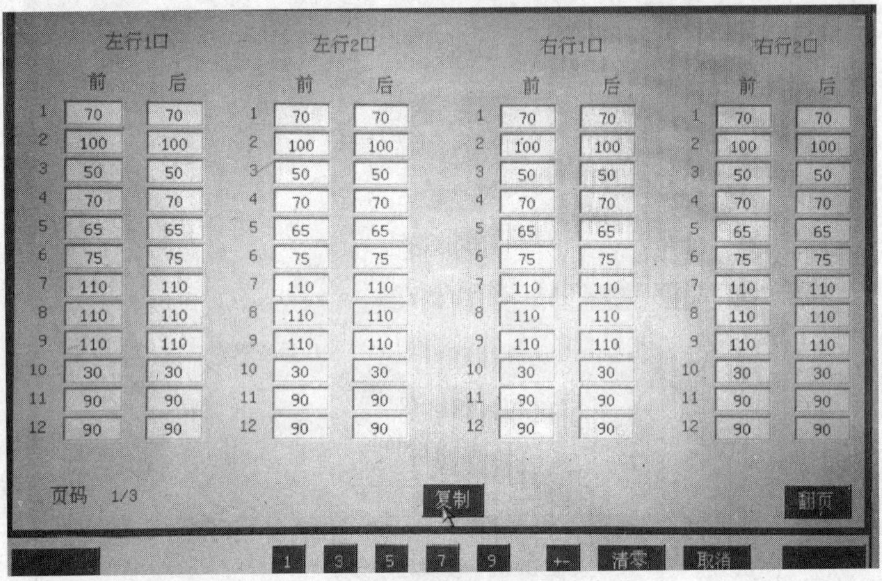

	左行1口		左行2口		右行1口		右行2口	
	前	后	前	后	前	后	前	后
1	70	70	70	70	70	70	70	70
2	100	100	100	100	100	100	100	100
3	50	50	50	50	50	50	50	50
4	70	70	70	70	70	70	70	70
5	65	65	65	65	65	65	65	65
6	75	75	75	75	75	75	75	75
7	110	110	110	110	110	110	110	110
8	110	110	110	110	110	110	110	110
9	110	110	110	110	110	110	110	110
10	30	30	30	30	30	30	30	30
11	90	90	90	90	90	90	90	90
12	90	90	90	90	90	90	90	90

页码 1/3 复制 翻页

1 3 5 7 9 +- 清零 取消

图 3-39 度目值参数调整

③速度参数设定:必须按照工艺单所规定的速度进行设定,禁止操作工私自调整速度,速度表如图 3-40 所示。

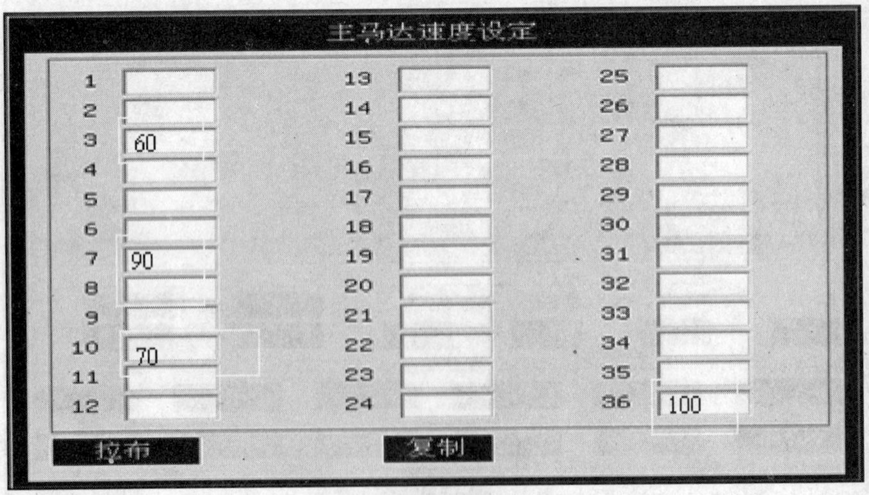

主马达速度设定

1		13		25	
2		14		26	
3	60	15		27	
4		16		28	
5		17		29	
6		18		30	
7	90	19		31	
8		20		32	
9		21		33	
10	70	22		34	
11		23		35	
12		24		36	100

拉布 复制

图 3-40 主马达速度参数设定

④拉力设置：必须按照工艺单所规定的拉力值进行设定，禁止操作工私自调整，如图 3-41 所示。

主罗拉速度设定

1		13		25	
2		14		26	
3		15		27	
4		16		28	
5		17		29	
6		18		30	
7		19		31	
8		20		32	
9		21		33	
10		22		34	
11		23		35	
12		24		36	

拉布

图 3-41　主罗拉速度设定界面

⑤纱嘴停放点设置：必须按照工艺单所规定的停放点进行设定，禁止操作工私自调整，为了避免所有使用到的纱嘴在编织时互碰撞，造成“探针报警”甚至撞坏针头等问题，在编织前先设置好各纱嘴的停放点位置，使之依次排开尽量互不干扰，同时在编织的过程中再根据实际情况进行微调，如图 3-42 所示。

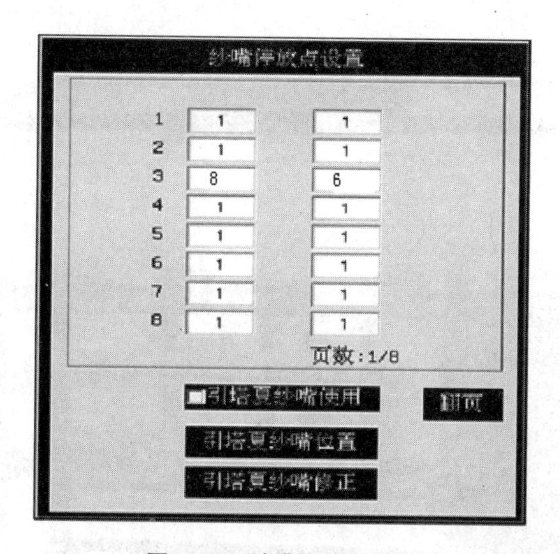

图 3-42　纱嘴停放点设置

⑥机头回转距设置：必须按照工艺单所规定的数值进行设定，禁止操作工私自调整。

(5)基本参数调整好之后，检查机器各元件是否归零，针板上是否有异物，如果一切正常则点击“复位”确认,使机头归到零位,开始试编织,非起底板机器必须打“行定”编织废纱(机头纱)至罗拉位置,当衣片进入罗拉时取消行定,开始正常运行,带起底版的机器则可以直接开始编织,不能打“行定”。

3. 衣片检验

按照工艺单要求的测量方法进行衣片检验,首先按要求测量衣片的横密和直密,其次测量衣片的掼缩尺寸,即衣片的总长度和宽度,测量长度的方法是将整片经过一段时间团缩、摔打后,把衣片卷起,接着摊平,用尺子从罗纹起口到衣片结束测量总长度。

前后片、袖片宽度均从平收处横量(无平收的在腋下第一个花下1cm处横量),合格后继续编织,做记录并称重量以便计算所需用纱的总量。检验衣片时还需注意以下问题。

(1)团缩两遍后再量,自机头纱下第一行主色线处开始量(具体按工艺要求),连织领子下机尺寸的量法:以连织的第3~第5个领子的宽度和长度为准,不能以起头第一个领子尺寸为准。

(2)在做大货时应按规定经常测量尺寸,换色和换毛纱时必须重新测量。

(3)抽条组织的衣片以竖拉(直密)为准,因为抽条组织横向拉容易变形。

(4)全身加莱卡的品种一般允许误差在1cm以内。

(5)挡车人员要对量衣片进行自检,检查品种、尺寸,看衣片中有无掉套、破边、破洞、粗细纱等疵点。

(6)交接班时要填好交接记录。

(7)按物流卡明细编织好衣片后先核对件数、尺寸及附件数量是否齐全,交衣片时连同余纱一起交回库房。

(8)交片时挡车工须将剩余的纱线及废片一同交回,仓库管理员要核对重量及消耗。如果有废片,拆好后,仓库管理员要将回毛再发放给此挡车工进行再编织以减少浪费,拆毛机如图3-43所示。

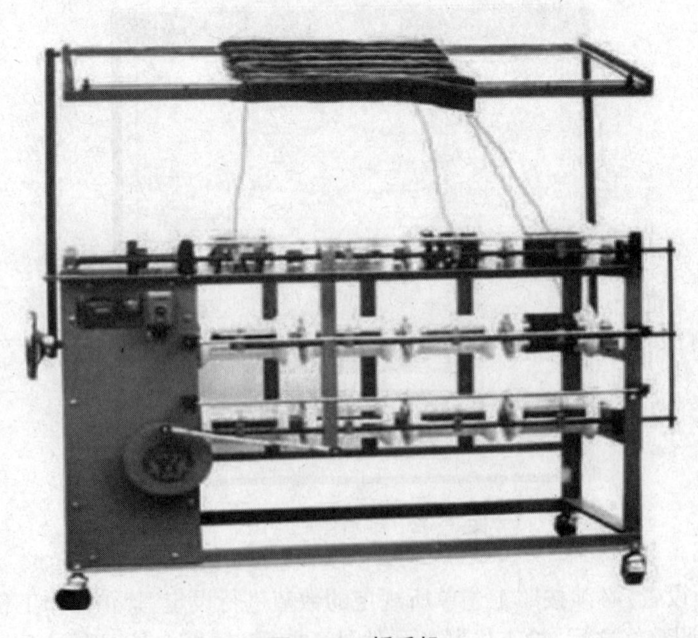

图3-43 拆毛机

4. 常用的工具(图 3-44)

(1)吸尘器:吸除针板上的线絮。

(2)针齿钩:更换针脚时使用。

(3)尖嘴钳:更换弹簧针时使用。

(4)油壶:给针板等部位加油润滑。

(5)压布刀:下压上浮的线圈,割断缠绕在罗拉上的毛线。

(6)气枪:清理针板及机头山板中的异物。

(7)棉纺布:擦拭机器各部位的油渍等。

(8)剪刀:剪断毛纱、拆分衣片。

(9)润滑脂:给某些传动部位润滑。

(10)尺子:测量拉密。

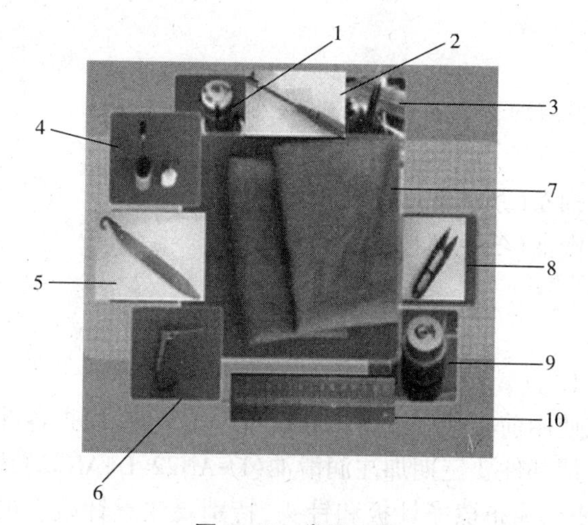

图 3-44　常用工具

1—吸尘器　2—针齿钩　3—尖嘴钳　4—油壶　5—压布刀
6—气枪　7—棉纺布　8—剪刀　9—润滑脂　10—尺子

三、电脑横机操作工岗位责任

(1)操作人员应严格按操作规程进行生产。树立质量第一的意识,努力提高产品质量,降低消耗,按时完成生产计划,不得随意压活,返工要及时。

(2)操作人员应严格遵守安全生产规章制度。

(3)操作人员应认真做好交接班工作,接班时:提前进入工作岗位,察看交接班记录,了解机台工作情况。交班时:做好交接班记录,信息传递要完整、清晰,做好机台及周边环境卫生。

(4)操作人员应全面了解生产品种的要求,按工艺要求进行生产。

(5)操作人员在工作时间不能擅自离岗,有事必须离开时应先停机或交人代管机台后方可离开。

(6)操作人员应牢固树立质量第一的意识,做到勤巡回、勤检查,发现问题及时解决,处理停台要先易后难,保证产品质量。

(7)操作人员应认真保养机台,保管好工具,维护本机台的环境卫生。

(8)操作人员在日常工作中应不断学习专业知识,苦练基本功,不断提高操作水平。

第十一节　电脑横机的维护与保养

着重介绍对电脑横机进行有效合理保养与维护的方法,通过日常对电脑横机进行有效合理的维护与保养,不仅能够保证机器正常生产,还能够延长机器的使用寿命。

一、维护与保养需要的工具

(1)气枪。

(2)工业吸尘器。

(3)专用压布刀。

(4)内六角扳手。

(5)约3.3cm(1市寸)与约13.2cm(4市寸)毛刷。

(6)含油毛刷。

(7)吸油性强的机织棉布(禁止使用针织布片)。

(8)润滑脂及横机润滑油(冬季型与夏季型)。

(9)尖嘴钳等。

二、保养与维护的要求

(1)电脑横机每天在使用前必须刷清针板和针舌内的绒花,检查各部位运动情况。

(2)各油孔以及需润滑部件要定期加注润滑油(L-AN22、L-AN32)或缝纫油机。

(3)停机一天以上,要用油布擦净针板和针头,特别要注意针板上的槽口斜面和栅状齿不能生锈,否则会影响正常工作。

(4)正常工作的机器如果发生撞针,机头运行阻滞时,应及时察看各三角走针面,如有伤痕,应及时修复。

(5)暂时不用的机器,关键零件要涂上一层油脂,并盖上油布或油纸加以保护。

三、保养与维护的注意事项

(1)为保证编织机处于良好的工作状态,需要定期做清洁和加油工作,清理工作采取由上而下、由内而外的方式。

(2)日保养工作应在停机状态下进行,周保养和月保养工作应在断电状态下进行。

(3)所有横机上的螺丝务必拧紧,拆动的部件必须复位。

(4)在日常生产中,机器操作人员应经常擦拭干净显示屏、前后防尘盖和前挡板。在编织机停止运转时清洁天桥和机头护盖,同时机器操作人员必须保证机身整体的清洁。

(5)每天应使用13.2cm(4市寸的毛刷)和吸尘器把天线纱架、天线台、天线支架和报警灯上的灰尘先刷后吸,清理干净。天线支架上的纱线张力盘需使用蘸有去蜡剂的棉布清洁。

(6)横机润滑油和润滑脂为可燃性油,要小心使用。

☞ 思考题

1. 电脑横机的编织纱线是怎样穿引的？
2. 简述电脑横机的开机步骤。
3. 简述电脑横机的关机步骤。
4. 如何检测 U 盘？
5. 花型文件是如何输入的？
6. 如何在 CF 卡中选取工作花型文件？
7. 电脑横机的度目参数值如何输入？
8. 电脑横机的速度参数值如何输入？
9. 电脑横机的主罗拉参数值如何输入？
10. 纱嘴如何编号？
11. 如何查找当前工作花样使用的纱嘴情况？
12. 如何把左 6 号纱嘴更换为左 2 号纱嘴？
13. 如何进行机头测试？
14. 依据工艺单要求，如何把花样编织出来，并符合工艺要求？
15. 电脑横机的保养与维护有哪些要求？
16. 领取纱线应注意什么问题？
17. 电脑横机的文件管理有哪些功能？
18. 如何设定电脑横机的起针点？
19. 如何调度目值？
20. 如何设定拉力？
21. 如何调整纱嘴停放点？
22. 如何调机头回转距？
23. 检验衣片时需注意哪些问题？
24. 电脑横机工岗位责任有哪些？
25. 如何设定一个花型文件编织件数为 16 件？

第四章　电脑横机编织常见问题的处理

一、漏针

在编织过程中针舌没有钩到新垫放的毛纱，或虽钩到毛纱但成圈后又重新脱出针钩而形成的线圈脱散现象称为漏针，会在布面出现垂直的条痕及小孔的现象，如图 4-1 所示。它的产生主要是由于三角装置不良或磨损，喂纱不当，织针欠佳及机械震动等因素造成的。双面织物还分里漏针、外漏针，针盘上织针的漏针为里漏针，针筒上织针的漏针为外漏针。具体产生的原因及处理方法见表 4-1。

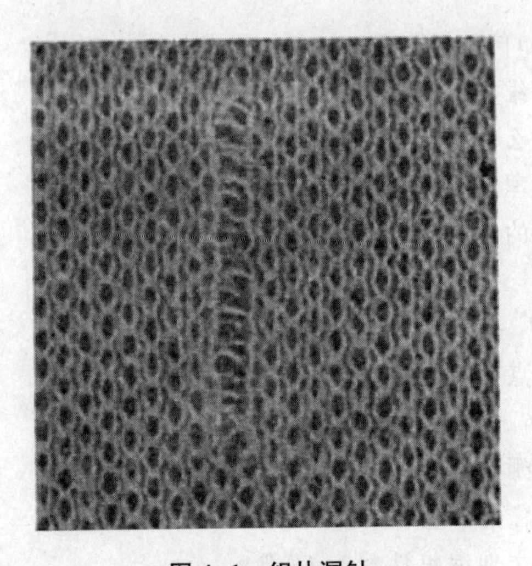

图 4-1　织片漏针

表 4-1　漏针产生的原因及处理方法

序号	产生原因	处理方法
1	纱线质量差，强力低	降低送纱张力或换纱，或过储纱器，重新过蜡
2	编织张力过大	降低送纱张力
3	罗拉拉力太小	加大罗拉拉力
4	压针条太紧	检查压条并调整
5	选针器故障	修理选针器
6	纱线间有交叉、纠缠现象	将纱线理顺重穿
7	纱线被其他机件夹住	将机件调整好
8	针舌太紧、关闭不灵	加油或换针

续表

序号	产生原因	处理方法
9	毛刷位置不当或毛刷太薄	调整毛刷位置或更换毛刷
10	纱嘴位置不佳,离针舌太远	调整纱嘴位置
11	离针舌太近	
12	离针舌过里	
13	离针舌过外	
14	纱嘴口太大或喂纱嘴口有磨损	调换合格的喂纱嘴
15	纱嘴在天杆上行走不灵活	调整乌斯座,并校对喂纱嘴位置
16	针舌呆滞	清洁针床及织针部件,消除积垢
17	织针针舌歪斜,呆滞,不灵活,长短不一	更换新针
18	张力弹簧发抖严重	调整或更换张力弹簧
19	机械抖动	检修机械传动部件
20	度目三角有问题	磨砂抛光
21	针槽不干净或有异物	清洁
22	针槽太松或太紧导致织针不能正常工作	修理针槽
23	沉降片三角与三角相对位置不正确,退圈时,发生织针穿过旧线圈的现象	调整沉降三角与织针三角的相对位置
24	给纱张力过小	调整卷布张力
25	纱过硬张力大	调整输线量或弯纱深度,纱线重新过蜡

二、破洞

在编织过程中,由于纱线强度较低,纱支粗细不匀及机械质量等因素会造成样片线圈断裂而形成破洞,如图 4-2 所示。破洞具体产生的原因及处理方法见表 4-2。

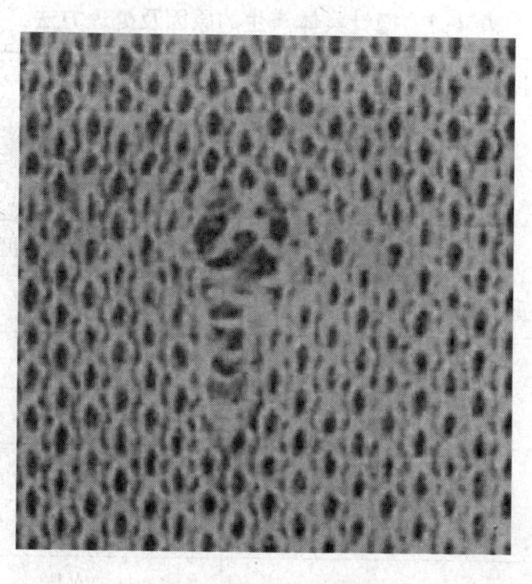

图 4-2 织片破洞

表 4-2　破洞具体产生的原因及处理方法

序号	产生原因	处理方法
1	纱线强力低、质量差	尽量降低纱线张力,或重上一次蜡可降低纱线的摩擦力
2	织针有毛刺	换针
3	毛纱强度不够	更换毛纱或过蜡
4	针舌损坏	更换新针
5	纱嘴过高	调节导纱器
6	纱线摩擦力过大	重新过蜡
7	纱线结头过大	调节结头探测片,增加探测器的灵敏度、防止大结头织入织物
8	度目太紧或太松	加大或减小度目值
9	纱嘴喂纱口受异物堵塞	清除异物
10	机器速度太快	降低机器速度
11	针床齿片锋利不光滑	磨砂抛光
12	纱嘴过低,纱嘴口破裂	调整更换
13	张力弹簧弹力不足	调整张力弹簧

三、撞针

在编织过程中,织针的针脚在各个编织三角轨迹运行不畅会引起撞击,主要由针脚无声断落,编织太紧织物,纱线太粗,机头内太脏等因素造成。撞针会损伤针床、织针及三角本身,甚至影响织物的质量。撞针具体产生的原因及处理方法见表4-3。

表 4-3　撞针具体产生的原因及处理方法

序号	产生原因	处理方法
1	针槽太脏、太紧	对针槽进行全面清洁
2	针槽太宽或针槽有凹凸	检修针槽
3	针托露出针床表面	调换及清除针槽积垢
4	山板上各三角部件起痕重或破裂	磨光砂滑或配换
5	织针硬度不够	更换织针
6	针床上有异物	清除异物
7	度目太小	加大度目值
8	纱支使用不当	使用适当的纱支
9	针床缺油	增加加油次数

续表

序号	产生原因	处理方法
10	针在针槽中的位置不当	将针置于正确位置
11	纱嘴位置放置不当	将导纱器置于适当位置
12	针床左右位置偏移	调节针床位置，检查针零位是否正确
13	针脚发毛弯曲	更换
14	车速太高	减速
15	针槽损坏，棱角起毛	修理
16	针槽内有断针脚	清理
17	探布针伸入针槽且失灵	修理
18	棱角之间接缝过大，过道太窄	调整棱角之间的接缝
19	上下棱角位置对位不好	调整棱角位置

四、破边、烂边

因织物布边线圈脱落或断纱而造成布边糜烂。破边、烂边具体产生的原因及处理方法见表4-4。

表4-4　破边、烂边具体产生的原因及处理方法

序号	产生原因	处理方法
1	毛刷位置不当或过度磨损	调节毛刷位置或更换毛刷
2	侧挑线弹簧张力不够，余纱不能及时回缩	降低送纱张力，调节侧张力大小
3	编织时纱嘴距离织片太远	调节纱嘴停放点
4	导纱轨松动	紧固导纱轨固定螺栓
5	纱嘴有倒刺	将导纱器磨光，或更换一个
6	纱嘴距编织布边太远或太近	调整导纱器的位置
7	回弹张力钢丝弹力太小	加大弹簧张力
8	导纱轨滑座太松	调紧或更换
9	天线架张力弹簧太软无力	调整张力弹簧螺丝
10	天线架张力弹簧有磨损痕迹	调换新弹簧
11	天线架张力弹簧压簧或夹板失灵	调整更换
12	天线架张力弹簧穿线孔发毛	磨光穿线孔
13	毛刷安置位置太低	调整位置
14	毛刷脱毛或两角牵住张力余纱	整修毛刷
15	毛刷毛尖堵住纱嘴上口	毛刷位置调高或剪短刷毛

五、长短边

衣片下机后,发现两边长短不一,在目测情况下,有时虽无明显的密度不匀,实质上长的一边密度松,短的一边密度紧,称为长短边。长短边具体产生的原因及处理方法见表4-5。

表4-5 长短边具体产生的原因及处理方法

序号	产生原因	处理方法
1	针床左右高低不一	调节一致
2	罗拉拉力太大	调整为适当的拉力

六、吃单纱

在编织过程中,由于喂纱阶段的调节不良,使针钩钩住单股毛纱在编织添纱织物时尤为突出,织针只钩住一根面纱成圈,而底纱却成为类似架空织物的浮纱段,称为吃单纱,对针织物质量带来很大影响。吃单纱疵病可理解为临界于产生漏针疵病的边缘。检查、确诊其产生原同于漏针。

七、针口布面上冒(浮布)

浮布具体产生的原因及处理方法见表4-6。

表4-6 浮布具体产生的原因及处理方法

序号	产生原因	处理方法
1	断纱	重新接好纱线
2	牵拉张力太小	加大牵拉张力
3	度目太紧或太松	增加或减小度目值
4	针舌损坏	换针
5	纱嘴位置安装太高	调整纱嘴位置

八、添纱罗纹起口反丝的调法

在做添纱组织时罗纹起口因密度紧反丝很常见,可将罗纹空转的顺序由前后前,改为后前前,一般即可以解决反丝问题。

起底第一行和空转第一行不加氨纶,后面就可以加氨纶,这样对织片影响不大,客户一般能接受。

九、断针

在织片中有一条垂直的坑或较连续的孔。断针具体产生的原因及处理方法见表4-7。

表 4-7　断针具体产生的原因及处理方法

序号	产生原因	处理方法
1	针太旧,针钩、针舌损坏,用错针	换针
2	个别针槽紧,织针运动困难	修理针槽
3	纱支问题,粗纱、大纱结或乱纱卡住针钩等	换纱
4	布架太紧,卷布张力过大	调整卷布张力
5	纱嘴位置不好	调纱嘴位置

十、花针

成圈过程中,新旧线圈重叠在一起形成一个线圈,在布面上会出现连续或不连续的小坑、纱乱等,如图 4-3 所示。花针主要是因个别织针在编织成圈过程中退圈不足或脱圈不足(包头)造成的。花针具体产生的原因及处理方法见表 4-8。

图 4-3　织片花针

表 4-8　花针具体产生的原因及处理方法

序号	产生原因	处理方法
1	织针针舌歪,长短不一,损坏,针边缘不够光滑等	换针
2	棱角位置不好,压针不足等	调整棱角位置
3	针叶太松,缺损等	增加槽壁压力
4	织物牵拉力过小,退圈不足等	调整弹力
5	纱线不均匀,粗纱脱不出	换纱

十一、针路

在织物上某几枚织针所形成的线圈过大或过小,在纵行方向出现的明显条纹,在掀拉布或对光照时出现稀薄的一条痕称针路,如图4-4所示。

图4-4 织片针路

针路具体产生的原因及处理方法见表4-9。

表4-9 针路具体产生的原因及处理方法

序号	产生原因	处理方法
1	针头大小、长短不一,前后左右歪斜不正	换针
2	由于污物、油污堵塞针槽,导致针槽紧或针槽宽窄不一	清理针槽
3	沉降片磨损	更换沉降片
4	针槽内有飞花等杂物,不平等原因	清理针槽
5	用错针,针路和叶路在布面上没有很明显的区别,但由于叶片较织针易受到相互间影响,故叶路一般为几条连续在一起	换针

十二、油针

油针是指,织物中纵向一条或几条带有油迹,在布面上呈现一条黑线。油针具体产生的原因及处理方法见表4-10。

表 4-10 油针具体产生的原因及处理方法

序号	产生原因	处理方法
1	输油管的油溢出或由于加油不慎,加油量过多	清洁针槽,并减少加油量
2	清洗织机后,过多的残余油留在针槽内	清洁针槽
3	织针不干净,染上油污	清洁织针
4	针槽紧,摩擦染上油污	修理针槽

十三、断纱

织造过程中个别纱线断头。断纱具体产生的原因及处理方法见表 4-11。

表 4-11 断纱具体产生的原因及处理方法

序号	产生原因	处理方法
1	纱质差、强力差,或大纱结、大粒纱毛无法通过	换纱
2	纱嘴位置不当,喂入的纱线位于织针剪刀口处	调整纱嘴位置
3	筒子成形不良,纱退绕时绕住断头等	换纱
4	输送轮手臂没有打开	开启输送轮手臂
5	针槽脏,使织针难以下降	清理针槽

十四、脱布

由于故障原因,编织过程不能连续进行,造成布匹脱挂的现象,凡对编织有影响的原因均可能造成脱布。脱布具体产生的原因及处理方法见表 4-12。

表 4-12 脱布具体产生的原因及处理方法

序号	产生原因	处理方法
1	绕输送轮,如戒指松没有盖好或打开	调整
2	绕输送轮坏	修理
3	纱太油、太毛、太硬,翻纱不好,纱毛多	换纱
4	机台不干净,飞毛堵住纱嘴	清理机台
5	手指剪刀不好	修理
6	吸风口阻塞或气压值低	清理
7	针坏	更换织针

十五、飞花

色纱纱毛从纱上飞到空中或机台的其他颜色的纱线上,织入线圈,随机地分布在布面上的现象称飞花。飞花具体产生的原因及处理方法见表 4-13。

表 4-13　飞花具体产生的原因及处理方法

序号	产生原因	处理方法
1	当值机员吹机时,飞花可能随之织入布中	停机清理
2	四周漂浮的飞花附在纱线上织入布中	开启排气系统
3	当大的纱结通过导纱器(纱嘴)时,倘若纱嘴有飞花,结头会将其带入布中	多清理,保持纱路清洁
4	络筒分纱时没有分开颜色翻纱	分开颜色翻纱

十六、横纹

在织物上有规律地出现某几横列的线圈较其他横列的线圈疏密不匀,在布面上呈现一明一暗的横条,如图 4-5 所示,据产生原因的不同,又可细分为以下疵病。

图 4-5　织片横纹

1. 粗细纱

(1)纱线过粗或过细,如有规则地错支纱或无规则的条干原因等。

(2)两根纱缠绕着织入或双纱织入时断了一根纱(典型的如断拉架)。

2. 松紧纱

(1)纱线张力过松或过紧(重点查纱的通道是否有异常)。

(2)检查纱的张力是否一致(调节压针三角的弯纱深度、同心度和水平度)。

十七、电脑横机其他常见故障

电脑横机其他故障原因分析见表 4-14。

表 4-14　电脑横机其他故障原因分析

序号	其他故障	原因分析
1	芯片发送数据错	检查机头信号线插头是否松动
		检查机头 CPU 板是否故障
		检查 5V 电源是否正常
		检查主控板是否故障
2	一号度目马达故障	用万用表检查马达电阻值是否正常(≥15Ω)
		用万用表检查马达连接线是否正常
		更换电动机板
		测试感应器信号是否正常
		若修机下过机头,检查插线是否错误
3	机头板接受缓冲内存溢出	检查机头信号线是否连接正常
		更换 CPU 板
		电脑程序出错,尝试关机 3min
4	机头板 1~15V 保险丝失效(F1)	选针器或者选针板短路
5	机头板 1~2V 保险丝失效(F5)	机头电磁铁或者选针板短路
6	机头板 2~24V 保险丝失效(F6)	
7	步进板 24V 保险丝失效(F3)	电动机板损坏
		电动机短路
8	主板 24V 保险丝失效(F4)	用万用表检查换色电磁铁是否损坏或者短路
		更换主板
9	机头板 CPU 失效	检查 5V 电源是否正常
		检查机头信号线是否正常
		程序有问题,初始化系统参数
10	一号生克马达故障	检查生克马达及其连接线是否连接正常
		检查零位感应信号
		更换电动机板
11	主电动机没有准备信号	检查伺服器并观察伺服器是否有故障代码
		检查伺服器控制线
		更换接口板
		更换伺服器
12	摇床电动机没有准备信号	检查伺服器并观察伺服器是否有故障代码
		检查伺服器控制线
		更换接口板
		更换伺服器

续表

序号	其他故障	原因分析
13	摇床电动机超时	检查伺服器是否通电
		检查伺服器是否锁死,没锁死可能伺服器后马达有故障
		检查伺服器控制线是否有问题
		更换接口板
14	数据处理错	检查花型是否有问题
		格式化 U 盘重新输入花型
15	纱嘴处理错,拉杆启动错,花样数据准备错,摇床复位错	检查伺服器是否有问题
		检查零位感应器是否有信号
		检查伺服器控制线是否有问题
		更换接口板
16	罗拉交流电源无输入	检查接触器是否吸和
		用万用表测 AC110V 电压是否正常
		更换接口板
17	主控板 12V/24V 保险丝失效(F2/F3)	用万用表测 12V/24V 电压是否正常
		检查接口电路是否短路
		更换保险丝
		更换主控板
18	链条数据校验错,CF 卡错	更换 CF 卡
		更换主控板
19	罗拉打开错误	检查罗拉,打开传感是否正常
		检查罗拉是否打开
20	复合针打开错误	检查复合针打开感应器是否正常
		复合针马达是否转动
21	复合针关闭错误	检查复合针关闭感应器是否正常
		复合针马达是否转动
22	恢复数据失败	非法关闭计算机
		关闭计算机时间不够长
		更换充电电容
23	主机死机	花样太多、拔掉 UPS 电源重新启动
24	机器参数丢失	花样文件太多,应该删掉一些,重新调整参数
25	警示灯不亮	检查有无电压,或者检查线路是否断开
26	左右收线报警解除不掉	检查输纱器是否短路
27	机头所有电源线没有电压	机头电源线接错或者短路
28	机头 CPU 失效	增大回转距,更换芯片,更换机头 CPU 板

续表

序号	其他故障	原因分析
29	芯片总线错误	检查机头供电 5V 是否正常 更换机头信号线，或者更换主板
30	内存自检失败	更换主控板
31	后备电源异常自动掉电	检查 UPS 至主控板信号线 检查零火线是否接反 更换 UPS 或者主控板
32	纱嘴不吃线	纱嘴位置高，速度偏快
33	编织时漏针	检查毛刷和针是否正常，乌斯座是否松动，罗拉拉力太大，度目太松
34	翻针时漏针	检查罗拉拉力是否太大，检查摇床零位，选针器是否正常工作，摇床速度过快
35	卷布不良	检查衣物是否落下，检查衣物是否被卷布轮卷起
36	浮纱	检查是否落布，调整罗拉拉力参数
37	纱嘴切换器不归位	检查电磁铁滑动是否正常
38	不出针	检查针板槽是否太紧，检查选针器选针片是否有偏差需补正，针是否变形坏掉
39	黑屏	检查显示器连接是否正常，显示器是否损坏
40	间歇式输纱器不输纱	检查输纱器开关是否打开，输纱器是否损坏
41	保险丝烧坏	更换保险丝
42	主马达摇床没有准备信号	检查主伺服器供电是否正常，主控板与主伺服器连接是否正常，关闭重新启动
43	死机	更换显示器信号线，更换主控板
44	机头 CPU 失效	增大回转距，关闭重新启动
45	芯片总线错误	检查机头+5V 是否正常，更换机头信号线
46	芯片发送数据超时	检查机头供电+5V 是否正常，更换机头主板，检查机头信号线
47	机头板内存缓冲溢出	关机 3min 重启，增大回转距
48	移针	检查同步带效正及针零位，检查左右行选针补偿
49	复合针电动机不停地转	零位、电源、接线接头、信号板看有无问题 机械故障
50	黑屏	主控板 F2 外+12V 保险丝坏，导致感应器短路
51	机器撞右/左限位	多片展开功能错 起始针设置错 右/左限位坏了 读针器坏了 左右纱嘴停放点过大

续表

序号	其他故障	原因分析
52	纵向花针	长针歪斜或针种不对
		针槽脏,使针偏向一边
		度目三角底部花
		织针针钩变小
53	吊目漏针	乌斯座
		毛刷的高低不当
		纱嘴过高
		针种不对
54	做V领两边长短不一样(前片分边织)	补度目(度目不平)
		度目马达对换
		度目过松时,罗拉拉力要调大点,单边
55	一开机,摇床往一边摇	感应器坏
		检查伺服器
		接口板
56	所有度目马达发热	电压不稳定
		度目电动机板坏
		机头箱内的母板坏,需更换
57	烂边	做袖子:加针方向错了(加针罗拉要大,收针罗拉要小)
		机头要往右行时,先加左边,往左行,先加右边
		度目紧烂边时,把沉降片开大
		停放点不要过远
58	度目马达故障	用万用表检查马达电阻值、马达连接线是否正常
		查度目马达是否卡死,度目转盘是否顺畅
		感应信号是否正常,感应器是否损坏
		更换电动机板　更换机头底板
59	机头板接受缓冲内存溢出	检查机头信号线是否正常
		更换机头 CPU 板
		电脑程序出故障
60	机头板保险丝失效(F1、F2)	保险丝是否烧坏
		选针器短路
		选针板短路
		选针器和选针板同时短路

续表

序号	其他故障	原因分析
61	机头板24V保险丝失效(F5、F6)	保险丝是否烧坏
		机头电磁铁短路
		选针板短路
		机头电磁铁和选针板同时短路
62	机头板CPU失效	检查+5V电源是否正常
		检查机头信号线是否正常
		程序有问题,初始化系统参数
63	翻针时弹簧片老坏	弹簧片是否炸开
		摇床有无故障
		总针位是否有故障
		23段的板子是否有故障
64	生克撞沉降片	纱嘴的问题、毛纱的问题(毛纱卡到生克里面)、推针三角发毛、针槽变形
		生克沉降片要常用,不可长时间关闭,否则会导致沉降片变紧或生克变紧,这样会使沉降片易断
65	编织时度目越来越大	检查线路是否接触不良
		检查度目马达螺丝是否松动
		两口同时做编织,若一口度目异常变小,可以考虑把度目原点适当调大
66	撞连接针脚(国花系列叫长针)	查看度目是否灵活
		查看连接针脚在针床上是否运行畅顺,用手压下去是否弹起自如
		查看度目马达螺丝是否松动。度目转盘是否顺畅
		查看度目感应器是否损坏
		查看压针三脚是否到位,国花系列要看电磁铁摆动情况
		度目太紧时不能脱圈,也会撞连接针脚
		检查翻针三角的翻接针导块是否顺畅、灵活
		检查度目底板,滑块是否到位、灵活
67	乱花(乱选针)	查看布片乱花是否有规律,比如问题都出在哪一个选针器上
		查看是偷选,还是漏选。调整选针片和针床的间隙
		调整选针参数,选针原点,选针微调
		查看选针针脚在针床上是否太紧或太松,是否移动顺畅
		线路检查,各插头是否插好,查看是否接触不良
		查看主驱动皮带是否太松

续表

序号	其他故障	原因分析
67	乱花(乱选针)	查看下针尺是否太紧或太松
		更换选针基板
		重新找原点,国花系列要注意铜头
68	平摇漏针	查看是否乱花引起的
		查看天杆安装是否规范,可能导致纱嘴高低,是否对准嘴孔中缝
		查看织针在针床上是否移动不顺畅
		查看是否是上一行翻针遗留的问题
		查看是否织针损坏
69	斜片	如果斜片在确定不是拉力,毛纱摆放位置的原因后;把布片长的一边针板下降,短的一边针板上升
70	翻针	看翻针位是否正确
		若同一口翻针机头向左行和向右行翻针位相差太大,检查翻针三角于蝶山是否标准
		若翻针位正确,有部分织针过高或过低,孔位相差太大,要下针板整修,直至达到标准
71	吊目吐纱	检查织针是否换错(如12针换错为14针)
		在不影响出针缝隙,嘴口间距的情况下,上升针板
		密度太松
		牵拉力太小,天线、侧天线弹力不够
		检查蝶山是否是旧型蝶山
		翻接护山有无装错
		信克未压到位,活动天齿(沉降片)把纱勾起
72	编织包针	织针损坏,针舌不灵活
		嘴口过大
		密度太紧
73	编织时有异常响声	主驱动皮带过松或过紧
		检查机头滑块是否歪掉
		山板与针板间距是否标准
		插片是否平整
		信克固定板螺丝是否与信克座有摩擦
		检查机头山板的固定螺丝有无松动
		培林与导轨间隙是否标准

续表

序号	其他故障	原因分析
73	编织时有异常响声	织针所运行的针路是否顺畅
		度目是否卡死
		送纱器运转的异常声音,可能因滚筒没有锁正
		纱嘴是否过低碰到针钩或针舌,纱嘴螺丝是否松动
74	编织吊目时,吊目不吊反而编织	压针三角压不到位
75	撞选针针脚	选针是否回复到位
		针槽是否运行顺畅,针槽内有无铁屑,空运转时间要足够,速度不能超过 120cm/s 的 25%
		是否新型针脚
		山板与针板间距太大超过 40 条以上
		导轨与培林间隙不能有太大误差
76	显示主马达错误或马达不良	线路接触不良
		更换主马达
		速度过大时显示,要更换驱动器
77	显示摇床马达错误	线路接触不良
		关闭电源重新开机
		换摇床马达
		换摇床驱动器
78	织针推倒翻针位时,不顺畅	翻针铁线压针太紧
		针板插片槽洗得过深
		针尺过紧或变形
		织针变形
		固定天齿间隔片是否装错
79	在正常编织时有固定织针不选或漏选	调整乱花(原点、铜头、编码器)
		更换选针针脚
		调整纱嘴校正(对飞虎机器而言)
		机头左右反转
		在不影响翻针的情况下,若不选升山板,漏选、降山板
		插片间距过紧,用螺丝刀松动一下
		对调选针器
		下针尺过紧或太松
		出现在两边时,看机头原点是否正确

续表

序号	其他故障	原因分析
80	加丝反丝	一把纱嘴来调整:调整好乌斯座的松紧
		在不飞丝的情况下,吃丝的针数越少越好,将乌斯座调宽
		用两把纱嘴来调整:一个穿丝,一个穿纱
		一般是:大号纱嘴穿丝,小号纱嘴穿纱
		前针床为正面:小号穿纱,大号穿丝
		后针床为正面:小号穿丝,大号穿纱
81	花片	沉降片的左右压力不一样
		边线架会影响布片中间密度紧,两边密度松,一般漏边上的第二枚或第三枚针
82	编织时漏针	纱嘴太高,针吃不到线,将纱嘴往前后针床针交叉点高 2.5mm 处调整
		毛刷没装好或已损坏,与对面出针 25°调整毛刷或更换毛刷
		针槽太紧或针有损坏,检查并更换
		乌斯座太松,摇摆太厉害;以不摇摆而且左右运行顺畅为标准调整乌斯座
		罗拉拉力太大或密度太紧造成漏针,调整拉力和度目
		纱线输送不顺畅导致爆孔和漏针;调整输纱器、弹力架、天线台的张力盘,使纱线输送顺畅
		选针器坏了不出针导致漏针,更换选针器或选针
83	翻针时漏针	拉力太大,翻针线圈太紧接针接不到导致漏针;将翻针时的拉力调小
		翻针前的编织密度太紧,接针接不到导致漏针;应调整翻针前的编织密度
		检查翻针摇床位置是否正确,修正调整翻针摇床位置
		选针器坏了不出针导致漏针,更换选针器或选针
		摇床速度太快;将摇床速度调慢一点
		不工作度目太大导致接针不出针,调整不工作度目